# 公共工事における積算マネジメント

木下 誠也 編著

一般財団法人 経済調査会

## ■■■ 推薦のことば ■■■

　公共工事を発注する国や地方公共団体等の行政機関の発注者にとって，予定価格を作成するための積算は，重要な業務です。予定価格が市場価格よりも低く設定されると，不落が発生したり，高く設定されると，低入札と判断されたりすることとなり，入札の結果や発注業務に大きな影響を与えるからです。そのため，「予算決算及び会計令」第80条第2項には，予定価格は，「取引の実例価格，需給の状況，数量の多寡，履行期間の長短などを考慮して適正に定めなければならない」と規定されています。「公共工事の品質確保の促進に関する法律の一部を改正する法律」（改正品確法）においても，その第7条第1項第1号に「経済社会情勢の変化を勘案し，市場における労務及び資材等の取引価格，施工の実態等を的確に反映した積算を行うことにより，予定価格を適正に定めること」と規定されています。そこで，国土交通省は，施工実態調査に基づき，土木工事標準積算基準を定め，標準的な歩掛を作成するとともに，設計労務単価を公表し，資材等については，民間調査機関等によって毎月地域ごとの単価が公表されています。

　公共工事の積算を行うためには，まず，目的物の構築のための施工計画を考える必要があります。特に，仮設計画をどのように立案するかによって，工事費は大きく変わることがあります。目的物が同一でも，現場の施工条件が異なれば工事費が異なる所以です。資機材の調達価格は，市場の需給状況や取引量の多寡だけでなく，企業の与信力等によっても影響を受けます。現場で作業に従事する技能労働者の生産性も，ばらつきがみられるのが一般的です。さらに，施工技術の進歩によって，同一の目的物であっても多様な施工方法を選択すること

が可能となっています。したがって，積算のための情報や各種手法が用意されていても，個々の現場の施工条件を考慮し，積算を適正に行うことは，大変難しい業務といえます。

　一方，適正に設定された予定価格内に工事の契約時の価格が抑えられても，多くの土木工事では，現場の施工条件が想定とは異なるなどの理由から契約に基づき工事価格は変更されています。工事段階で発生するリスクを考慮した契約とコスト管理が求められているといえます。また，公共工事発注者の体制を考慮し，効率的に積算を行うために，施工パッケージに基づく積算手法の導入などさまざまな工夫が実施されてきていますが，将来を考えると，公共事業のプロセス全体に対してプロジェクトマネジメントの考えに基づくコスト管理の方策を根本的に考える時期に来ているように思われます。

　本書は，わが国の公共工事における積算の意義とそのマネジメントに焦点を当て，その実例を取り上げて，国内外の積算の実務に明るい執筆者がわかりやすい解説を試みたものです。受発注者双方にとって，現在の公共工事の積算における運用の実際を理解する上で，極めて意義の大きい図書と思います。公共工事に関わる国や地方公共団体等の発注者，請負工事を受注する建設会社，専門工事会社，契約監理の業務を担当する建設コンサルタント会社やCM会社等の実務者はもちろんのこと，建設マネジメント分野の教育研究に関わる大学関係者も含めた幅広い人々に一読を推薦いたします。

平成30年3月吉日

東京大学大学院工学系研究科

教授　小　澤　一　雅

## はじめに

　2014年に「公共工事の品質確保の促進に関する法律」(品確法)が改正され，適正な予定価格の設定と適正な契約変更・支払いにより受注者の適正な利益を確保するなど，発注者の責任が法律で明確に規定されましたが，実際にはまだ趣旨どおりに運用されているとは言い切れない状況です。

　本書は，改正された品確法の趣旨を踏まえた上で，積算に焦点を絞り，社会インフラのライフサイクルの中でも特に建設工事を完成するまでの過程に注目し，発注者側の立場でコストを適正に管理するための積算マネジメントの手法の重要性を説いています。積算マネジメントは，公共工事発注機関に属する担当者には是非習熟してもらいたい技術です。発注業務を支援する技術者にとっても必須の技術となります。一方，工事を請け負って完了するまでの受注者の立場のコスト管理は発注者とは着眼点が異なり，工事実行予算の管理が中心となります。しかし，請負契約によって施工管理を行う以上は，常に発注者側とのコスト管理に関する意思疎通は重要な課題です。その観点から，受注者側の技術者も発注者側のコスト管理手法である積算マネジメントを理解する必要があります

　わが国の公共工事請負契約では，会計法等に基づく予定価格制度により，発注者側の積算が入札契約において重要な意味を持ちます。発注者側の積算は，工事請負契約締結時点のみならず，契約締結後においても設計変更のベースとなるので，受発注者双方がこれを理解する必要があります。受発注者双方が積算マネジメントの技術を身につけ

なければならない所以です。本書では，積算マネジメントに関する最近の取組み事例も挙げつつ，公共工事の発注段階における積算，請負契約締結後の契約変更における積算，そして会計検査制度における積算の課題，さらには米国における積算システムを紹介して，積算マネジメントのあるべき姿を探っていきます。

平成 30 年 3 月吉日

木下　誠也

## ■■■目次■■■

推薦のことば／3
はじめに／5

## 第1章　積算マネジメント
(第1章のあらまし)／12
### 1-1　積算マネジメントとは ……………………………………………………… 13

## 第2章　積算マネジメントが必要な背景
(第2章のあらまし)／20
### 2-1　公共工事の特性 ………………………………………………………………… 21
### 2-2　公共工事のコストを巡る事件と論調 ……………………………………… 22
　(1) 公共工事の談合問題／22　(2) 工事費の内外価格差問題／23
　(3) 公共工事のコスト縮減に関する行動計画／24　(4) ダンピング受注の問題／26
　(5) 不調・不落の発生要因／27
### 2-3　品確法の動き ………………………………………………………………… 28
　(1) 品確法の制定と改正／28　(2) 品確法2014年改正のポイント／30
　(3) 積算について読み取れること／31
### 2-4　予定価格制度に関する課題 ………………………………………………… 34
　(1) 予定価格制度／34　(2) 公共工事の予定価格／35
　(3) 予定価格に関する課題／37　(4) 調査・設計と予定価格の課題／40
### 2-5　プロジェクトにおける予算額増加の要因 ………………………………… 41
### 2-6　適正な価格とは ……………………………………………………………… 42
　(1) 法令の意味するところ／42　(2) 目的と乖離しないための積算／43
### 2-7　価格決定構造についてのまとめ …………………………………………… 45
### 2-8　最近の取組み ………………………………………………………………… 45
　(1) 設計変更の確実な実施／46　(2) 多様な発注方式の採用／47
■ Column 1　羽田空港北トンネルにおける技術力の結集／52
■ Column 2　熊本57号災害復旧　二重峠トンネル工事におけるECI方式の効果／60

## 第3章　土木工事の積算

（第3章のあらまし）／64

### 3-1　積算基準 ……………………………………………………………………… 65
### 3-2　請負工事費の構成 …………………………………………………………… 65
　（1）工事原価／66　（2）直接工事費／66　◆直接経費・機械経費／70
　（3）間接工事費／80　（4）一般管理費等／83
### 3-3　直接工事費の積算 …………………………………………………………… 85
　（1）積上げ積算方式／86　（2）市場単価方式／94　（3）土木工事標準単価方式／95
　（4）施工パッケージ型積算方式／96
### 3-4　間接工事費および一般管理費等の積算 …………………………………… 107
　（1）間接工事費／107　（2）一般管理費等／122

　レポート　社会インフラの重要性と維持管理に関する積算の課題／127
　■Column 3　工事コスト削減という呪縛／139
　■Column 4　物事を俯瞰的に捉える力をつける／141

## 第4章　契約変更と積算

（第4章のあらまし）／150

### 4-1　工事費増額のメカニズム …………………………………………………… 151
### 4-2　公共工事標準請負契約約款 ………………………………………………… 155
　（1）公共工事標準請負契約約款とは／155　（2）契約変更と設計変更／156
　（3）第1条（総則）の重要部分／156　（4）契約変更に関する重要規定／159
### 4-3　設計変更に関する改正品確法の規定 ……………………………………… 164
　（1）改正品確法／164　（2）発注関係事務の運用に関する指針（運用指針）／164
### 4-4　設計変更ガイドライン ……………………………………………………… 165
　（1）設計変更ガイドラインとは／165　（2）設計変更が可能な場合／166
　（3）原則として設計変更できない場合／167　（4）設計変更に伴う契約金額の変更／168
　（5）設計変更の手続きの流れ／170　（6）契約変更に関する手続き／170
　（7）事前の合意，受発注者の相互理解による円滑な合意／175

　■Column 5　発注者の無謬性と旧来の協調調整システム／177
　■Column 6　トンネルの当初設計と実施設計に対する差違の考察／179

## 第5章　会計検査制度と積算

(第5章のあらまし)／188

### 5-1　会計検査制度　……………………………………………………………189
(1) 会計検査院／189　(2) 会計検査の観点／190　(3) 工事検査の主な着眼点／191
(4) 積算検査のポイント／192

### 5-2　過大も過小も誤り，違算の防止に向けて　……………………………198
(1) 過大も過小も誤り／198　(2) 違算の防止に向けて／205

### 5-3　設計変更と落札率　………………………………………………………209
(1) 設計変更と落札率の取扱い／209　(2) 設計変更についての見直し／210

### 5-4　現場と市場を反映した適正な積算と適切な説明を行うこと　………212

■ Column 7　新技術と会計検査／219

## 第6章　米国における公共事業の段階的積算システム

(第6章のあらまし)／222

### 6-1　米国の土木工事を主体とする公共事業　………………………………223
(1) 河川関連の公共事業／223　(2) 道路関連の公共事業／224

### 6-2　公共事業の段階的実施プロセス　………………………………………225
(1) 河川事業の実施／225　(2) 道路事業の実施／233
(3) 事業費と工事費の積算／239

### 6-3　事業費の積算レビュー　…………………………………………………249
(1) 河川関連事業における積算レビュー制度／249
(2) 積算専門技術センターによるレビュー／253
(3) 積算専門技術センターによる積算検証／254

### 6-4　公共工事の入札・契約規定　……………………………………………257
(1) 連邦調達規則の概要／257　(2) 連邦調達規則の工事入札・契約規定／259
(3) その他の工事入札・契約ルール／264

■ Column 8　東アジアでの熾烈なたたかい／270

おわりに／272

# 第1章

## 積算マネジメント

（第1章のあらまし）

　河川，道路，鉄道，上下水道などの社会インフラの整備を中心とした建設プロジェクトの分野において，その目的を達成するために，ヒト，モノ，カネなどのさまざまな資源を建設プロジェクトの全期間にわたって活用する手法を「建設マネジメント」といいます。建設マネジメントにおいては，工事品質と工期を満足しながら経済性を追求することが求められ，コスト管理は建設マネジメントの重要な要素です。

　建設プロジェクトの一般的な流れとしては，まず計画が行われて，調査，設計，積算へと段階が進み，工事請負契約締結を経て工事が実施，構造物の完成後，供用されて維持管理の段階に至ります。人工構造物の場合は，何度かの更新を経て，いずれは廃棄されます。この建設プロジェクトの計画から廃棄に至る全期間で発生するコストを「ライフサイクルコスト」と呼んでいます。社会インフラを整備，管理するには，建設費のみに注目するのではなく，その後の維持管理などを含めたライフサイクルコストを十分考慮しなければなりません。

　ここでは，建設プロジェクトのライフサイクルのうち，調査，設計，積算を経て工事を実施し，構造物を完成するまでの過程を対象として，コストを適正に管理する手法を「**積算マネジメント**」と呼びます。ライフサイクルの中でも初期投資部分に注目し，建設工事を完了するまでの過程を取り上げます。請負契約を締結して建設業者が工事を完了するまでのコスト管理については，発注者側と受注者側の立場の違いによって着眼点は異なります。発注者側は予算管理に留意しなければならないのに対し，受注者側は利益の確保に努めなければなりません。本書では，主に発注者側の立場からコスト管理を考えます。

第 1 章　積算マネジメント

## 1-1　積算マネジメントとは

　2005年に制定された「公共工事の品質確保の促進に関する法律」（以下，品確法）が，2014年6月，そして2019年6月に改正されました。2014年の法改正においては，将来を見据えた品質確保の担い手確保を図るため適正な予定価格の設定と適正な契約変更・支払いを行うなど，発注者の責務が法律で明確に規定されました。

　しかし実際には，品確法の趣旨どおりに実施されていない場合もあります。例えばある自治体では，学校施設の建設や道路舗装工事において価格の下限を設定しておらず，平均落札率が予定価格の50%を下回る事例も発生し，適正な利益の確保はもとより工事の品質確保上，大きな問題が懸念されています。

　公共工事では，プロジェクトが実現可能かどうかを判断するための調査に始まり，環境影響調査や住民との合意形成などを踏まえ，当該プロジェクトの採択に向け，徐々に調査・設計の精度を高めていきます。概略の調査・設計を経て，自然環境や社会環境に関わるさまざまな調査が行われ，都市計画などの計画決定を経て，事業が採択されます（図1-1参照）。

　そして予算が計上され，事業が着手されることとなります。その後採択された事業計画をもとに，関係行政機関との協議や地元調整を行った後，より詳細な調査・設計が行われ，構造物の施工方法などを勘案した詳細設計を経て，事業計画に見合った工区割りを行い，工事が発注されます。

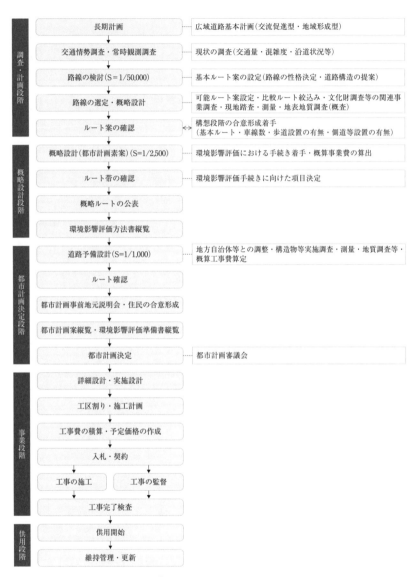

図 1-1　建設プロジェクトの流れ（高規格道路の例）

# 第1章　積算マネジメント

　工事発注に際しては，施工計画，数量計算を伴う詳細設計に基づき発注者による積算が行われ，予定価格が設定されます。適正な予定価格を設定することは，プロジェクトの品質や工事の安全を担保することにつながります。また，プロジェクトの各段階における予算の見積りと管理を適正に行わなければ，当初計画した予算を大幅に超過するなどの問題に発展します。

　とはいえ，どんなに調査・設計と段階を踏んで進めたとしても，工事発注段階において発注者が行う当初の積算の段階では現場の諸条件をくまなく把握するのは難しく，予定価格の設定段階で現場の条件を網羅した「完璧な設計・積算」を実現するのは非常に困難であるのが現実です。

　さらに，発注者においては事業の円滑な執行に必要な技術力を有する人員の確保が困難な場合があり，資材調達や施工計画が十分検討されないまま積算された工事においては，適正な予定価格とはいえません。その結果，入札参加者がいない「不調」や応札者全員の入札価格が予定価格を超える「不落」を招き，緊急に対応すべき事業の大幅な遅延など看過できない事態が発生することがあります。

　一方，受注者においても，工事発注件数が減少した際には，受注を確保することが優先され，採算を度外視した価格で入札する行動も見られます。

　このような課題に対処するためには，発注者が行う調査・計画，設計といった事業の初期段階における適正な予算の計上や予定価格の作成，工事発注，契約変更の各段階において，適正な利益が担保された支払いなどに資する「適正な積算」に対応した技術が求められます。

そのためには，発注者は，積算を含む発注業務を行うのに十分な技術力を有していない場合には，必要な対価を支払って外部の支援を受けて発注者側の体制を確保し，現場の諸条件と工事の実施内容を十分に検討した上で発注業務を行う必要があります。そして，良質な工事を履行し得る建設業者を選定して，請負契約締結後には契約内容が現場の実態と乖離が生じないよう進めていかなければなりません。

　以上のことから調査・計画，設計，施工を適切に実施するためには価格を適正なものに定めていく積算マネジメントが必要です。具体的には予算の制約など限られた条件の下においても，受発注者が技術を結集させ，それによって導き出された調査・計画，設計，施工に対応した積算を行い，調査・計画から施工に至るまでの費用を適切にマネジメントすることが重要です。

　単に，公共工事の価格を管理することにとどまらず，公共工事に期待される工事の品質や安全の確保という社会の要請に対し，予算管理や積算を通してパフォーマンスの最大化を図り，良質な社会インフラを効率的に整備することが積算マネジメントの目的と考えています。

　発注者は，工事の積算において，改正品確法の趣旨に則って適正に予定価格を設定しなければなりません。しかし，前述したように事前調査によって施工条件を正確に把握することは困難であるため，それをもとに算出される当初積算（予定価格）は，工事の進捗に伴って新たな施工条件が把握できた時点で適正に設計変更・契約変更を実施する必要があります。

　公共工事では，請負契約締結後，工事が完了するまで受発注者ともに責任を負うことになります。全ての受発注者が，工事の特性を理解

した上で現場の特性を十分に把握し，適切な入札契約方式を導入しつつ積極的な条件明示と設計変更・契約変更を行うことが重要です。適正な積算マネジメントが徹底されることによって，受注者の適正な利潤の下で公共工事の品質が確保され，そのことによって社会インフラ整備に対する人々の評価もさらに向上するものと期待しています。

福地ダム（沖縄県東村）
貯水量・提体高ともに沖縄県最大のダム
琉球列島米国民政府の計画により，1969年に米国陸軍工兵隊によって着工／1972年の沖縄本土復帰に伴い工事途中で日本政府へ承継され工事を継続／1974年竣工

# 第2章

# 積算マネジメントが必要な背景

**(第2章のあらまし)**

　第1章では建設プロジェクトの適切な実施において，ライフサイクルのコスト管理がいかに重要であるか，特に建設工事を完成するまでの積算マネジメントの必要性について述べました。

　本章では，これまでの公共工事とコストを巡る問題をはじめ，公共工事の積算に関係する法令等について説明します。図2-1は，国土交通省の直轄土木工事における法令等の相関イメージを示したものです。

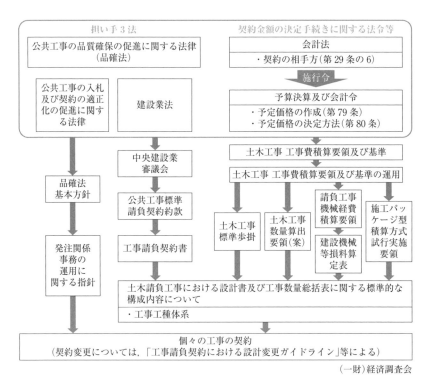

(一財)経済調査会

図2-1　公共工事の積算に関する法令等の相関イメージ(国土交通省直轄土木工事の場合)

第2章　積算マネジメントが必要な背景

## 2-1　公共工事の特性

　公共工事の調達は，一般的な製品や商品とは異なる特徴があります。一般的な商品については，市場において多数の消費者が品質と価格の両面で評価しているので，その面で優れたモノを購入することができます。自動車や電化製品などの場合は，製造業者が市場調査をもとに売りたい製品の性能や価格を自ら決定して製品を供給します。

　一方，公共工事の調達は，製品の売買とは異なり，受注者は発注者が決めた予定価格の範囲で応札し，要求される仕様を満たすよう工事の品質確保に努め，発注者の検査を受けて引き渡す流れになります。現場で単品ごとに受注生産するので，契約時点では成果物が存在しません。完成した施設が台風や地震などに耐え，継続して使用できることが確認されてはじめて品質が証明されることになるのです。

　また，公共工事は，工事請負契約履行の段階においても不可視部分が多く，不良があっても発見が困難であり，不良が判明したとしても取り替えることが困難なことが多いという問題があります。完成後を含めると，公共工事について，以下の特徴が挙げられます。

① 不特定多数の国民が長期にわたり活用する
② 一般に施設の規模が大きく，工事段階および管理段階において環境への影響が大きい
③ 施設のライフサイクルにわたる長期間の品質確保が必要
④ 公的機関によって公的資金を主たる財源として整備等

社会インフラの整備を担う公共工事は，構想段階から計画・調査・

設計などの段階を経て進められ，必要な場合には環境影響評価が実施されます．節目の各段階で住民との合意形成などが行われ，都市計画などの計画決定がなされた後，事業が着手されます．

　公共工事は，自然環境と調和しつつ，そこで生活を営む住民など利害関係者と調整を行い，関係法令に適合し，求められる品質や機能を満たすよう，安全第一に所定の期限内に目的物を完成させなければなりません．現場ごとに，作用する自然外力や地盤条件，周辺環境も異なるため，同じ条件の現場は皆無といえます．その上，工事は多くの専門工事業者などによる分業体制で進められます．そのため公共工事の調達は，公共工事に関係する技術者ら個々人の資質能力に大きく依存します．

## 2-2　公共工事のコストを巡る事件と論調

### （1）公共工事の談合問題

　1990年代には公共工事の入札契約を巡る大スキャンダルが勃発しました．大型の贈収賄が続々と摘発され，地方自治体の首長や大手ゼネコンの最高幹部らが逮捕されました．1889（明治22）年に「明治会計法」[※]が制定されて以来，一般競争入札方式の適用が原則とされていましたが，実際には指名競争入札方式が主に用いられており，発注者が実績を有し，信頼できる建設業者を指名した上で競争入札に付していました．工事の難易度や規模，地域特性などを考慮して，工事

ごとに受注者を選別することができていたのです。

　しかし，特定の企業に工事を受注させる見返りに首長が賄賂を受け取っていたという贈収賄が発覚し，社会問題として大きな波紋を呼びました。その結果，指名競争入札方式が談合の温床になっているとされ，利点よりも不透明な悪い点ばかりが指摘され，入札制度改革への世論が高まりました。また，この頃自動車摩擦が転じて米国からの国内建設市場開放の圧力もあり，これ以降，一般競争入札方式の導入が拡大することになりました。

※後の改正法と区別するため，本書では「明治会計法」と呼称する。

## （2）工事費の内外価格差問題

　前述の大型の贈収賄事件では，発注者である首長がゼネコンから工事受注の見返りとして賄賂を受け取っていたことで大きな問題となりました。しかし工事の特性に鑑み，確実な施工者を選定するための指名競争入札方式が果たしてきた役割については正しく言及されることはなく，指名競争入札方式の不透明な面が注目を浴び，国内はもとより米国をはじめとする海外からも非難されました。

　ちょうど同じ頃，1993年時点における日米の工事事例などを対象としたコストの比較が行われ，「日本の公共工事は米国に比べ3割も高い」と大々的に報道されました。その報道の根拠ですが，1992年，当時の建設省（現国土交通省）が，米国陸軍工兵隊によって発注された灌漑工事の設計図書を取り寄せ，わが国の積算基準と機械経費積算要領と当時の資材価格をもとに工事価格を算定すると，陸軍工兵隊の

積算価格より3割高いという結果となったものを公表したことによります。

　1990年代，ほかの財やサービスはいずれも米国に比べ高い水準にありましたが，為替レートが米ドル換算で1ドル80円台に振れ続けた円高の時代であったため，そのような結果になりました。購買力平価で比較すると米国より安い結果となりましたが，そのようなことは報道などでは取り上げられず，「米国より3割高い」というフレーズだけが強調されたのです。

　また，わが国の急峻で複雑な地質構造により地震，火山活動が発生しやすく，台風の常襲地帯である厳しい自然条件の中で建設される高速道路と，古生代の堆積岩類など安定した地殻上に位置し，地震や風の影響を考慮する必要がなく，かつほとんど用地補償費のない緑地帯に計画された英国の高速道路を比較し，「わが国の高速道路は英国の20数倍である」という報道もされました。

## （3）公共工事のコスト縮減に関する行動計画

　このように談合の問題と内外価格差(メモ1)による「3割高い」ことが一括りにして取り上げられ，世論が誘導される事態に発展したため，建設省は，1992年，有識者からなる「公共工事積算手法評価委員会」（委員長：秋本勝彦（元会計検査院事務総長））を設置し，積算の妥当性などについて諮りました。その委員会ではわが国の公共工事の積算の妥当性について審議されるとともに，積算基準の統一や簡素化，積算に関する基準などの公表，技術評価の必要性などについても検討さ

れました。この委員会の報告を踏まえ，建設省は，わが国の公共工事の積算の妥当性を国民に説明するとともに，1994年，設計の合理化や適正な発注ロット，海外資材活用などの施策からなる「公共工事の建設費の縮減に関する行動計画」を策定し実行に移しました。

こうして，内外価格差問題によって公共工事の積算が世の中から注目されるようになりました。この問題を契機に積算を技術の一分野として明確に位置付けるべきとの考えから，国家資格である技術士の建設部門の選択科目の一つ，「施工計画及び施工設備」に「積算」が加わり，「施工計画，施工設備及び積算」となりました。

[メモ1] **内外価格差**

財やサービスの「国内価格」と「海外価格」との格差を「内外価格差」（物価倍率）といいます。1985年のプラザ合意以降，急速な円高により日米間の財やサービスの価格差は日本の方が高い状況で推移しています。内外価格差には購買力平価と為替レートが影響し，次のような式で算出されます。

内外価格差＝購買力平価／為替レート

購買力平価とは，2国間での各国の貨幣での物価水準を等しくする相場のことを指します。例えば，日本（円建て）と米国（USドル建て）でみてみます。日本で200円のハンバーガーが米国で1.5ドルの時，「1ドル＝133円」がハンバーガーの両者の貨幣価値を等しくする購買力平価となります。

仮に，為替レートを1ドル85円とすると，日米間でのハンバーガーの内外価格差は，

133円／85円≒1.56（倍）

となります。また，1985年のプラザ合意直後では，当時の為替レートを1ドル200円として，ハンバーガーの内外価格差を算定すると，

　　133円／200円≒0.67（倍）

となることからも，内外価格差は為替レートの影響により，大きく左右されることがわかります。公共工事の内外価格差を比較する場合は，標準的なバスケットによる総合的な購買力平価を算定することで把握することができます。

## （4）ダンピング受注の問題

　一般競争入札方式の導入が拡大されるようになると，粗雑工事や大規模な事故の発生，ダンピング受注などの問題が顕在化していきました。従来の指名競争入札方式が主に用いられた旧来のシステムの下では，このような問題はあまり起きませんでした。

　一般競争入札方式の適用が拡大される中，特に2006年1月には課徴金の引上げや減免制度などの点で談合防止を強化する「私的独占の禁止及び公正取引の確保に関する法律」（以下，独禁法）が改正，施行されました。これとほぼ同時期に大手ゼネコンが「談合決別宣言」を行い，この頃から異常な低価格で落札するダンピングが目立つようになってきました。

　政府の財政逼迫により，公共事業の市場が縮小し受注競争が厳しい状況下では，建設業者は無理な低価格で受注する傾向となり，その結

果下請業者にしわ寄せがいくことになります。わが国の社会構造では，発注者から元請業者へ，元請業者から下請業者へと上流から下流へ向かって価格が決定されるため，下請業者にしわ寄せがいき，末端の労働者の賃金が削られるなどの問題が生じやすくなります。

さらに問題なのは切り下げられた賃金やしわ寄せされた施工費用が実勢価格とされて，これが公共工事ではその後の予定価格算定のもととなってしまうことです。そして，これをもとに算定された予定価格は，会計法，地方自治法などの規定により予定価格を上限として入札が行われるため，落札価格は年を経るごとに低下し，悪循環を招く事態となります。

特に需要が減少傾向の場合には，建設業者は安値受注の影響だけでなく，受注件数の減少によって総受注高が大幅に減少し，利益の低下につながっていきます。その結果，経済全体に悪影響を及ぼしてしまいます。

低価格の受注が工事の品質低下の懸念や当該工事での利益の低下，賃金の低下を招くだけでなく，その後の予定価格を低下させるメカニズムに陥ってしまうということを，発注者，受注者が双方とも認識しなければ，この問題は解決していかないと考えます。

## (5) 不調・不落の発生要因

入札が成り立たない不調・不落が起きることがありますが，ではどうして起きてしまうのでしょうか。予定価格の範囲内で応札者がいない「不調」や，応札者がいても全ての応札価格が予定価格を上回る

「不落」は，需要が増加している局面で発生しやすくなります。市場の変化などを的確に把握し，予定価格を積算しなければ，不調・不落を招くことになります。近年では2011年の東北地方太平洋沖地震発生後，復旧・復興需要が拡大する中，職人不足やダンプトラックの不足，賃金上昇などによって不調・不落となる工事が東北地方で顕著になり，全国に広がりました。

## 2-3　品確法の動き

### （1）品確法の制定と改正

　大型の贈収賄事件以降，指名競争入札方式から一般競争入札方式への転換へと議論が高まり，当時の建設省による発注工事では1994年度より，大規模な工事については一般競争入札方式が採用されました。一般競争入札方式が広まると，競争の激化に伴う工事の品質低下に対する懸念が生じるようになりました。また，独禁法の改正により談合に対する取締りが大幅に強化されることとなり，競争激化による工事品質の低下が懸念される事態となったため，議員立法により，2005年に「公共工事の品質確保の促進に関する法律」（以下，品確法）が制定されました。この法律により，公共工事については価格と品質を総合的に評価して受注者を決定することを原則とする考え方が明確になりました。

　国土交通省では品確法の施行を受けて，一般競争入札方式の適用を

拡大するにあたって，価格と品質を総合的に評価して落札者を決定する総合評価落札方式を導入することになりました。国土交通省が総合評価落札方式を大幅に取り入れ始めたのは2005年度後半からでしたが，厳しい競争環境の中では過当な競争を抑制することは困難でした。特に2006年1月の独禁法の改正，施行を間近に控えた2005年12月に，ゼネコン大手4社によるいわゆる談合決別宣言が報じられてから，受注競争が激化して低入札が増加しました。

さまざまなダンピング防止策が講じられましたが，なかなか解消には至らなかったため，翌年12月に，入札価格が調査基準価格を下回った場合に総合評価における施工体制評価点を厳しくし，ほとんど落札できないようにするなどの強力なダンピング対策を導入しました。その後，国土交通省の直轄工事では著しい低入札はほとんどなくなりましたが，工事需要の少ない場合に応札価格の多くが調査基準価格の直上に集中する状況は現在も続いています。

このように工事の需要が少なくて競争が厳しいときに低入札の問題が起きた一方で，2011年に東北地方太平洋沖地震が発生した際には，2-2（5）で述べたように，工事需要の増大により東北地方を中心に不調・不落が多発しました。そして，現場の担い手不足や建設業への若年入職者の減少が深刻化したことから，将来にわたる公共工事の品質確保とその担い手の中長期的な育成・確保を目的に追加して，2014年6月に品確法が改正，施行されました。

2014年の法改正において着目したいのは，予定価格による上限拘束の仕組みを廃止するには至らなかったものの，予定価格の設定を適正に行えるよう，最新の単価や実態を反映した予定価格を設定すると

されたことです。そうすることで現状の問題を軽減しようとしたと考えられます。また，品確法改正と合わせて担い手三法といわれる「建設業法」や「公共工事の入札及び契約の適正化の促進に関する法律」についても同時に改正されました。

　その後，相次ぐ災害を受け「地域の守り手」としての建設業への期待，働き方改革促進による建設業の長時間労働の是正，i-Constructionの推進等による生産性の向上などの新たな課題に対応し，それまでの取組みの成果をさらに充実するため，2019年に品確法を始めとする担い手三法が再び改正されました。この2019年品確法改正では，災害時の緊急性に応じた随意契約など適切な入札契約方式の選択や，債務負担行為などの活用による翌年度にわたる工期設定，ICTの活用等を通じた生産性の向上などが規定され，調査や設計などの業務が公共工事品確法の対象として明確に位置付けられました。

## （2）品確法2014年改正のポイント

　品確法について，2014年に改正された内容をみると，以下の3点を挙げることができます。

　① 目的と基本理念の追加

　目的については，「現在及び将来の公共工事の品質確保」「公共工事の品質確保の担い手の中長期的な育成・確保の促進」，基本理念については「施工技術の維持向上とそれを有する者の中長期的な育成・確保」「適切な点検・診断・維持・修繕等の維持管理の実施」「災害対応を含む地域維持の担い手確保へ配慮」などが追加されました。

② 発注者責務の明確化

ここでは「担い手の中長期的な育成・確保のための適正な利潤を確保することができるよう，適切に作成された仕様書及び設計書に基づき，経済社会情勢の変化を勘案し，市場における労務及び資材等の取引価格，施工の実態等を的確に反映した積算を行うことにより，予定価格を適正に定めること」と規定されました。

さらに，「不調，不落の場合等における見積り徴収」「計画的な発注，適切な工期設定，適切な設計変更」「発注者間の連携の推進」など，品質確保において発注者が果たすべき責任が明記されています。

③ 多様な入札契約制度の導入・活用

多様な入札契約方法として段階的選抜方式，技術提案・交渉方式，地域社会資本の維持管理に資する方式が規定されました。このような多様な入札契約方法を適切に活用するためには，積算マネジメントが一層重要となります。

## (3) 積算について読み取れること

(2) の②にある発注者の責務からは「適正な利潤の確保が可能となる予定価格の設定」「入札参加者からの見積書徴収による積算」「調査基準価格や最低制限価格の設定」「計画的な発注と適切な工期の設定」「施工条件の明示と適切な設計変更」といったことが挙げられます。このことからも工事費の積算は，工事を完遂するために必要な経費と現地の種々の制約条件を十分把握し，それらの条件に即応して適正に行われることが重要です。

2014年改正品確法（発注者の責務）

第7条　発注者は，基本理念にのっとり，現在及び将来の公共工事の品質が確保されるよう，公共工事の品質確保の担い手の中長期的な育成及び確保に配慮しつつ，仕様書及び設計書の作成，予定価格の作成，入札及び契約の方法の選択，契約の相手方の決定，工事の監督及び検査並びに工事中及び完成時の施工状況の確認及び評価その他の事務（以下「発注関係事務」という。）を，次に定めるところによる等適切に実施しなければならない。

一　公共工事を施工する者が，公共工事の品質確保の担い手が中長期的に育成され及び確保されるための適正な利潤を確保することができるよう，適切に作成された仕様書及び設計書に基づき，経済社会情勢の変化を勘案し，市場における労務及び資材等の取引価格，施工の実態等を的確に反映した積算を行うことにより，予定価格を適正に定めること。

二　入札に付しても定められた予定価格に起因して入札者又は落札者がなかったと認める場合において更に入札に付するときその他必要があると認めるときは，当該入札に参加する者から当該入札に係る工事の全部又は一部の見積書を徴することその他の方法により積算を行うことにより，適正な予定価格を定め，できる限り速やかに契約を締結するよう努めること。

三　その請負代金の額によっては公共工事の適正な施工が通常見込まれない契約の締結を防止するため，その入札金額によっては当該公共工事の適正な施工が通常見込まれない契約となるおそれがあると認められる場合の基準又は最低制限価格の設定その他の必要な措置を講ずること。

四　計画的に発注を行うとともに，適切な工期を設定するよう努めること。

五　設計図書（仕様書，設計書及び図面をいう。以下この号において同じ。）に適切に施工条件を明示するとともに，設計図書に示された施工条件

> と実際の工事現場の状態が一致しない場合，設計図書に示されていない施工条件について予期することができない特別な状態が生じた場合その他の場合において必要があると認められるときは，適切に設計図書の変更及びこれに伴い必要となる請負代金の額又は工期の変更を行うこと。
> 六　必要に応じて完成後の一定期間を経過した後において施工状況の確認及び評価を実施するよう努めること。(以下，略)

　また，発注者は公共の資金を使用する立場であることを踏まえ，過大積算による損失の防止を図らなければならないのは当然ですが，それだけでなく契約の実態にふさわしくない積算によって受注者の利益を圧迫し，健全な企業の発展を妨げることがないようにするということも理解しておく必要があるでしょう。また，これと同様の趣旨が改正された建設業法にも規定されています。

> 建設業法（不当に低い請負代金の禁止）
> 第19条の三　注文者は，自己の取引上の地位を不当に利用して，その注文した建設工事を施工するために通常必要と認められる原価に満たない金額を請負代金の額とする請負契約を締結してはならない。

## 2-4　予定価格制度に関する課題

### (1) 予定価格制度

　わが国では 1889（明治 22）年に明治会計法および会計規則を制定して以来，入札により予定価格の範囲内で最低の価格で入札した者を契約の相手方とし，その入札価格を契約金額とすることを原則としています。予定価格を作成し，上限拘束の下で競争入札により落札者を決定するという予定価格制度は，制定以来，今日まで変わらない基本的枠組みであり，わが国の入札契約制度の大きな特徴です。

　発注者が決めた価格（予定価格）が上限となるので，もし予定価格が市場の実態に合わないような低い価格に設定されると，不調・不落が生じることがあります。このような事態が起きにくいようにするため，2014 年の品確法改正により，最新単価や実態を反映した予定価格を適正に設定することとしています。

　予定価格が契約金額の上限を定めているのに対し，契約金額の下限といわれているのが最低制限価格であり，低入札価格調査制度における調査基準価格も事実上の下限として運用されることが多くなっています。これらは安値受注による工事の品質低下を招かないための仕組みといえます。

## （2）公共工事の予定価格

　先に述べたように，現在の制度においては，公共工事における予定価格の上限拘束性が存在し，予定価格を上回らない価格で応札することが落札の絶対条件となっています。公共工事の発注者が工事の予定価格を決定する手続きは，各種法令に定められています。国の場合は「会計法」と「予算決算及び会計令」（以下，予決令）に定められています。一方，地方自治体の場合は，「地方自治法」と「地方自治法施行令」に定められており，高速道路などの社会インフラを整備，管理する会社においては，それぞれの財務規則などで規定されています。

　会計法では，国が契約の相手方を決定する方法を以下のように規定しています。

---

会計法（契約の相手方）
第29条の六　契約担当官等は，競争に付する場合においては，政令の定めるところにより，契約の目的に応じ，予定価格の制限の範囲内で最高又は最低の価格[注]をもって申込みをした者を契約の相手方とするものとする。（以下略）
2　国の所有に属する財産と国以外の者の所有する財産との交換に関する契約その他その性質又は目的から前項の規定により難い契約については，同項の規定にかかわらず，政令の定めるところにより，価格及びその他の条件が国にとつて最も有利なもの（同項ただし書の場合にあつては，次に有利なもの）をもって申込みをした者を契約の相手方とすることができる。

---

（注）「最高」は国の財産を売却する場合，「最低」は国が物品やサービスなどを調達する場合に適用する。

わが国の公共工事の契約担当官は，あらかじめ契約金額の指標となる予定価格を作成して，入札により予定価格の範囲内で最低の価格で入札した者を契約の相手方とし，その入札価格を契約金額とすることと定められています。この規定が工事を発注する場合の「予定価格」を必要とする根拠となっています。また，予定価格は公共工事の契約金額の上限を規定する役割を果たしています。

　このように予定価格が契約金額の上限としての性格を有している背景には，公共工事では歳出の原因となる契約において，歳出予算や債務負担行為などの負担権限に基づいて締結しなければならないため，それらの限度内において契約を行う必要が根底にあると考えられます。そして予定価格の作成および決定方法は，予決令により，次のように規定されています。

---

予決令（予定価格の作成）

第79条　契約担当官等は，その競争入札に付する事項の価格（省略）を当該事項に関する仕様書，設計書等によつて予定し，その予定価格を記載し，又は記録した書面をその内容が認知できない方法により，開札の際これを開札場所に置かなければならない。

（予定価格の決定方法）

第80条　予定価格は，競争入札に付する事項の価格の総額について定めなければならない。ただし，一定期間継続してする製造，修理，加工，売買，供給，使用等の契約の場合においては，単価についてその予定価格を定めることができる。

2　予定価格は，契約の目的となる物件又は役務について，取引の実例価

格，需給の状況，履行の難易，数量の多寡，履行期間の長短等を考慮して適正に定めなければならない。

ここに記述されているように予定価格の作成については，発注する工事の仕様書，設計書などによって，工事1件ごとに，その総額（総価）について定めることとされています。

このように，予定価格を総額で決定するようになったのは，受注者が実際に建設現場で作業員などに支払う賃金，資材の購入価格や実際に建設現場で必要とする人員数量は，当然受注者の自由な裁量により決まるので，発注者が積算に用いたものとは異なることが想定され，請負代金の総額で競争することが適切であると考えられるためです。

また，具体的な予定価格の決定方法について，予決令第80条第2項のような規定にとどめている理由は，極めて広範，複雑，多岐にわたる契約の内容について一律には定めることができないことを意味すると考えるべきです。

## （3）予定価格に関する課題

### ◆予定価格と入札参加者の応札行動

2005年の品確法の制定により，国土交通省の直轄工事においては技術と価格の両方を評価する総合評価落札方式が全面的に採用されました。図2-2は，国土交通省の地方整備局が発注した，高規格幹線道路の山岳トンネル工事の応札結果の一例です。

入札参加者の応札額をみると，技術評価点の高低にかかわらず，全

ての参加者が調査基準価格とほぼ同額で応札していることがわかります。これは特別調査品目の資材以外は価格が公表されていることや，特別調査による歩掛も公表される傾向にあり，発注者の予定価格を精緻に類推することが可能なためです。

応札者がこのような行動をとるのは，技術点で勝っているという確信があったとしても，ほかの者との相対的な優劣の度合いがわからない限り，最低の価格を提示して勝負せざるを得ないということを示しているといえます。

また，一般に応札者は技術評価の面においても高い技術点を目指し，仕様で求められる水準を超えた技術を提案して受注（技術ダンピング）しようと考えます。このことは当然，受注者の利益を圧迫することになり，受注後の現場運営上の大きな課題を抱えることになります。このように技術点と評価点をみる総合評価落札方式であっても，実態としては，価格競争に陥っていることが窺えます。

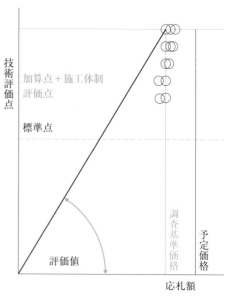

図2-2　地方整備局が発注した山岳トンネル工事応札結果の一例

## 第 2 章　積算マネジメントが必要な背景

◆**予定価格の公表と漏洩に関する課題**

　予定価格の公表は 2014 年改正後の品確法の運用指針において，原則として事後公表することが求められています。また，会計法において事前公表は認められていません。そのため，国が発注する工事においては事後公表となっています。

　一方，地方自治法にはこの規定がないため，地方自治体においては依然として事前公表が相当程度行われているのが実態です。品確法の改正以降，予定価格の事前公表を控える動きは出てきましたが，事前公表が行われている地方自治体などでは，落札者が乱数表などを用いた「くじびき」で決定される場合もみられます。

　予定価格を事前公表すると，応札者が職員に対して予定価格を探るなどの不正行為を防止することができるともいわれていますが，応札者は施工計画の立案やそれに基づく実行予算の算定を行わなくても応札が可能となるため，施工計画を立案する能力のない者でも受注できるということになり，不良・不適格業者の参入を許容することになりかねません。また，発注者の積算が適正か否かにかかわらず，予定価格をもとに算出される調査基準価格や最低制限価格に誘導され，いわゆる「指値受注」になってしまうという問題もあります。

　しかし，予定価格を事前に公表しない場合には，「予定価格の漏洩」という事件が繰り返されてきました。これでは手続きの公正さを損ない，不適切な契約となりかねません。

　これまで予定価格の事前公表を行ってきた地方自治体は，このような不正行為を防止するため，外部から入札関係職員に対する不当な働きかけや口利きが発生しにくい入札契約手続き，これらの行為があっ

た場合の記録・報告・公表の制度を導入するなどにより，発注者の関与の排除措置を徹底しつつ，予定価格の事後公表へと移行することが望ましいと考えられます。

## （4）調査・設計と予定価格の課題

　測量，地質調査や設計技術の進歩により，調査・設計段階の技術レベルは格段に向上した感があります。しかしながら，複雑な自然環境や周辺環境，予測困難な関係機関との調整に加え，不均質な地盤や岩盤，変動が大きい地下水位などの不確定な条件の下で，運行中の鉄道あるいは高速道路など重要構造物に近接して施工せざるを得ない土木構造物は，十分な事前の調査を実施したとしても完璧な設計を行うには限界があります。

　事前の調査を綿密に行わなければならないのは当然ですが，実際には設計段階で，経験値を伴った技術力によって不確定要素の多い部分に対し，何らかの仮定条件を設けて設計を成立させています。そのため，仮定条件の意味を理解しないままコスト縮減にのみとらわれ，工事を進めると，仮定条件が見合わなくなったときに大きな事故を招くこととなります。

　関係官署との協議について警察協議を例にとってみても，警察は交通の安全を最優先とする立場から，契約後に受注者が作成する施工計画書により，常設作業帯のとり方や交通解放の妥当性などの判断をするので，発注者による事前協議や調整でできることにも限界があるのがわかります。

調査や設計の段階での内容把握に限りがある以上，発注者が当該工事に関する諸条件や課題を全て把握した上で設計図書ができているわけでないことは明らかです。しかし，発注者はこのような状況で予定価格を算出（積算）して，工事を発注しなければなりません。そのため予定価格は，当該工事の全ての条件を完璧に反映した上で算出されたわけではないことを発注者はもちろん，入札参加者も理解しておく必要があります。この課題は非常に重要なものといえます。

## 2-5　プロジェクトにおける予算額増加の要因

　ここでは，高規格道路事業を例にとり，概算事業費算定と事業採択後の予算の確保における課題について述べていきます。大規模事業は，調査・計画，設計，住民との合意形成，環境影響評価，都市計画決定などの手続きを経て事業の採択がなされ，事業着手となります。採択される条件として，費用便益比（B/C）が一定の値以上となることが必要とされます。

　コストは過去の実績や事業開始までの価格変動を見込んで，事業が決定されるまでの各設計段階で可能な限り正確に算定されますが，事業化された後，多くの場合において，事業費が不足するという事態に遭遇します。その要因を整理すると，次のことが挙げられます。

① 事業費算定上の課題
　　過去の実績をベースとして概略の調査・設計に基づく費用を算定するが，調整する費用を設けるなど将来発生すると考えられる

当該工事特有の条件は想定していない。また，過去の経験値である予備費のようなものを考慮することも行われていない。

② 事業費の採択上の課題

B/Cが一定の値以上でないと採択されない。便益計算には時間短縮や事故などの直接便益が支配的で，企業誘致による経済効果や災害対応・農業振興，国防上の便益などが考慮されない問題がある。そのような場合には，事業の必要性の高いプロジェクトであっても，推計交通量などにより便益が十分大きな値にならない場合は，事業費を十分に確保することが困難となる。

③ 事業採択時の制約条件

事業の採択条件として事業費の上限がある場合に，所要額を圧縮して設定するようなことがあると，事業実施の段階で事業費が不足する事態になりやすい。

## 2-6　適正な価格とは

### （1）法令の意味するところ

公共工事において適正な価格を算定することがいかに重要であるかについて述べてきましたが，では一体，適正な価格とはどのような価格を指すのでしょうか。

予定価格についてみると，会計法や2014年改正後の品確法などの法規において，予定価格の作成は適正に定めることが要請されてい

す。例えば予決令では具体的な価格について，取引の実例価格，需給の状況，履行の難易，数量の多寡，履行期間の長短などを考慮して定めることが記載されています。予決令は個々の公共工事における適正な予定価格の設定を要請しているといえます。一方，2014年品確法改正により，将来にわたってインフラの品質を確保する担い手の育成・確保のために，適正な利潤を受注者が確保することを目的の一つとしており，現在および将来の社会インフラ全体の品質確保に資するために，適正な予定価格の設定を要請しているといえます。

品確法を受けて関係省庁連絡会議でとりまとめられている「発注関係事務の運用に関する指針（運用指針）」では，設計図書に適切な施工条件を明示し，設計図書に示された施工条件と実際の工事現場の状態が一致しない場合や設計図書に示されていない施工条件について，予期できない特別な状態が生じた場合には，適切に設計図書の変更を行い，請負代金の額や工期の変更を行うことが記載されています。

以上のようなことから法令の意味する適正な価格とは，個々の公共工事を完成させるために，諸条件を考慮した妥当性を有したものであるといえます。そして適正な利潤を確保した価格が，将来にわたって社会インフラ全体の品質確保に資することができる価格といえるでしょう。

## (2) 目的と乖離しないための積算

入札を行って落札者が決定した後に，応札者は発注者積算の開示請求を行い，微妙な違算を指摘し，落札の無効を主張するなど，場合に

よっては千円単位のわずかな違算により落札決定が無効とされる問題が発生しています。

　予定価格を事前に公表していなくても，施工条件や取引条件を十分に検討せず資材の調達価格を決定した場合などでは，落札決定を発注者が取りやめ，契約解除に発展したケースもあります。例えば，現場で資材を加工する工程を無視した見積りや，復旧・復興事業による需要急増のためダンプトラックが不足し，大量の土砂が調達できる環境にないにもかかわらず，物価資料などの単価の規格を誤って採用した場合などは，受注者の入札価格と乖離が生じ，結果として不調・不落を招くこととなります。

　仮に，たまたま落札者が存在したとしても，ほかの応札者からの指摘により違算が発覚した場合には，落札決定の取りやめや発注者による契約解除・損害賠償などに発展しかねず，プロジェクトの遅延のみでなく，受発注者双方にとって大きな損失につながります。

　このような事態を回避するためには，当初積算においては，現場条件を踏まえた適正な歩掛を採用しているのか，工期の設定は妥当なのか，資材を調達する上での課題はないのかなど基本的な事項を捉え，想定が困難な場合は，応札予定者から見積りを徴収すること，設計変更で対応するよう適正に条件明示を行いつつ，合理的な積算に努めるのが得策といえます。

## 2-7　価格決定構造についてのまとめ

　わが国の発注機関による公共工事の実施に際しては，国等の法令に基づき発注者側の積算によって算出した予定価格を基準とした競争入札によることが原則となっています．適正な予定価格の作成は，平均的な技術水準を有する受注者が，標準的な施工方法で工事を実施するために必要な金額を算出するための重要なプロセスです．

　公共工事により整備される道路，河川，ダム，下水道等の社会インフラは国民の税金を財源とし，永く国民の用に供されることから，整備において，強度，耐久性などの品質を十分に確保することが要請されています．

　このため，公共工事において調査，計画，設計，施工計画の策定，特記仕様書の作成，工事費の算定（積算），入札，契約，監督，検査などの各過程は一体的に検討され，的確なものでなくてはならないことはいうまでもありません．

## 2-8　最近の取組み

　発注者には2014年品確法改正で定められた，担い手の中長期的な育成・確保のために適正な利潤が確保できるよう，予定価格を設定する責務が求められています．しかし，当該工事に関する諸条件や全ての課題を予定価格に反映させることは前述したとおり難しいもので

す。そこで，「設計変更の確実な実施」や「多様な発注方式の採用」などが品確法の趣旨を実現するための対応として挙げられます。

## （1）設計変更の確実な実施

　設計変更については，2015年の「発注関係事務の運用に関する指針」（公共工事の品質確保の促進に関する関係省庁連絡会議）などに基づき，国土交通省の地方整備局等（北海道開発局，内閣府沖縄総合事務局を含む）で「工事請負契約における設計変更ガイドライン」が作成されました。目的として，設計図書に示された施工条件と実際の工事現場の状態が一致しない場合，設計図書に明示されていない施工条件について予期することのできない特別な状態が生じた場合などにおいて，必要に応じて設計図書の変更およびこれに伴う請負代金の額や工期の適切な変更を行うことが記載されています。つまり，当初の予定価格算定の諸条件を実際の施工に反映できない場合，設計変更で対応することが規定されているのです。

　調査・設計の限界を踏まえ，受発注者が品質や安全を確保しリスク分散を行うためには，不確定要素や調整不十分な部分を条件として明示し，適正な設計変更に委ねることが妥当な方法と考えられます。適切な設計変更を実施することは積算マネジメントの観点からも非常に重要です。設計変更ならびに契約変更に関する内容は「第4章　契約変更と積算」で詳しく紹介しています。

## （2）多様な発注方式の採用

　2014年品確法改正により，発注に関わる公共工事の性格，地域の実情などに応じて適切な方式を選択することや，それらを組み合せることができるようになり，交渉方式を含む多様な入札・契約方式の導入が可能な環境に整えられました。

　東北地方太平洋沖地震や熊本地震の復旧・復興事業，高規格道路の新設や大規模更新などの事業では，発注者の体制を補完し事業の品質確保とスピードアップを図るため，新たな入札および契約の方法が導入されています。

　以前は設計段階において施工者の技術力を必要とするような場合に，施工者側の無償サービスにより設計技術を補填した場合もあるといわれています。しかし近年，公共工事執行プロセスにおいて手続きの公正さや競争性の確保が強く求められ，随意契約や指名競争入札方式の多用が認められない状況となり，従来のような設計や施工に関わる発注者側と施工者側の技術者の間での対話が困難になりました。

　2014年品確法改正に基づく多様な入札・契約方式の例として，国土交通省により多様な発注方式の一つとして位置付けられている「設計・施工一括発注方式」や「ECI方式」といった方式の採用が考えられます。これらは設計段階から施工者の視点が加わる手法です。発注者と建設コンサルタントで実施する設計業務に現場の施工技術に詳しい施工者が関与することで，事前に将来の設計変更になり得る課題に対処しておくことができ，可能であれば予定価格に反映させておくことも考えられます。

◆設計・施工一括発注方式

　設計・施工一括発注方式とは，構造物の構造形式や主要諸元も含めた設計を施工と一括して発注する方式です。この方式は事業プロセスのうち，構造物の構造形式や主要諸元の検討，決定を行う設計段階（図2-3では予備設計段階）における適用となります。

　この方式では，対象とする構造物に関して発注者が求める機能・性能および施工上の制約などを契約の条件として提示した上で発注されることとなります。構造物の構造形式や主要諸元を含めて，当該工事の受注者による提案，設計が可能となり，例えば橋梁工事においては，コンクリート橋とするか鋼橋とするかも含めて，当該工事の受注者が提案し，発注者が決定することも可能となります。

　これと類似した発注方式として「詳細設計付工事発注方式」が挙げられます。この方式は事業プロセスのうち，構造物の製作，施工を行うための設計を行う段階（図2-4では詳細設計段階）における適用となります。

　この方式は，予備設計などを通じて構造物の構造形式や主要諸元，構造一般図などを確定した上で施工者へ発注するものです。施工者には，詳細設計を実施するための条件を提示した上で，施工に必要な詳

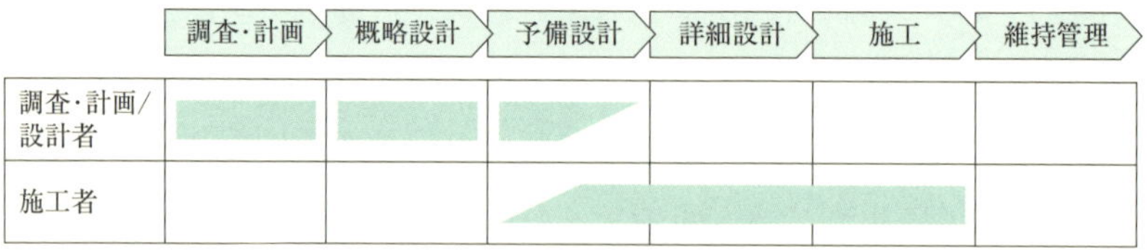

| | 調査・計画 | 概略設計 | 予備設計 | 詳細設計 | 施工 | 維持管理 |
|---|---|---|---|---|---|---|
| 調査・計画/設計者 | | | | | | |
| 施工者 | | | | | | |

図2-3　設計・施工一括発注方式の適用段階（イメージ）

第2章 積算マネジメントが必要な背景

細設計（仮設を含む）と施工を一括して発注することになります。

設計・施工一括発注方式と詳細設計付工事発注方式は設計と施工を一元化することにより，施工者のノウハウや視点を反映した設計が可能となります。設計時から施工を見据えた現場条件の把握や品質管理が可能となるとともに，施工段階における施工性などの面からの設計変更の発生リスクを減少させることが期待できます。また，一般的な設計と施工を分離して発注する場合に比べて，発注業務が軽減されることも期待されます。

しかし，これらの方式の採用には以下のような課題もあります。

① 一般的な設計と施工を分離して発注する場合と比べて，設計者の視点や発注者におけるチェック機能が働きにくく，施工者の視点に偏った設計となる
② 契約時に受発注者間で具体的な設計・施工の共有および明確なリスク分担がない場合，契約変更の際に支障が出る
③ 発注者にコストに対する負担意識がなくなり，受注者側に過度な負担が生じる
④ 発注者が設計・施工を「丸投げ」してしまうと，本来発注者が負うべきコストや工事完成物の品質に対する責任が果たせなくなる

図 2-4　詳細設計付工事発注方式の適用段階（イメージ）

以上のことに留意しながら，提案された技術を適用することについて，発注者は審査・評価を行い，確実性や成立性を判断することが必要となります。

　なお，この方式に対して応札者（ゼネコン）からは，（従来の設計・施工分離発注方式に比べて）技術提案の作成に多大な費用を要するため，外注費用を賄うのに苦労するとか，当該案件を受注できない場合の社内対応に苦慮するといった意見があります。一方で，予備設計まで終えた案件について詳細設計付工事発注方式で受託した場合，手戻りが発生した際の手間は，予備設計から関わった場合に比べて大きくなるとの意見もあります。

　手戻りを考慮して予備設計という上流から関わりたいとの意見もあれば，上流側での応札のリスク負担を避けたいとの意見もあり，応札者（ゼネコン）の見解は一律ではないようです。

◆ ECI方式（設計段階から施工者が関与する方式）

　ECI方式とは，別途契約している設計業務に対して，施工者が行う技術協力を通じて当該工事の施工方法や仕様などを明確にし，確定した仕様で技術協力を実施した者と施工に関する契約を締結する方式で

図2-5　ECI方式（設計段階から施工者が関与する方式）の適用段階（イメージ）

## 第2章　積算マネジメントが必要な背景

す。この方式は事業プロセスのうち，予備設計または詳細設計の段階における適用が考えられます。

施工者が行う技術協力については，設計段階の技術協力の開始に先立って技術協力業務の契約を締結し，技術協力の実施期間中に施工の数量・仕様を確定した上で工事契約をします。また，事業の初期段階から施工者の関与を必要とする場合には，概略設計段階における適用も考えられます。

設計段階で発注者と設計者に加えて施工者も参画することから，種々の代替案の検討が可能となります。別途発注された設計業務の実施者（設計者）による設計に対して，施工性などの観点から施工者の提案が行われるため，施工段階における施工性などの面からの設計変更の発生リスクを減少させることが期待できます。また施工者自身によって設計段階から施工計画を検討することもできます。

設計者と施工者の提案が相反する場合には，発注者が双方の責任範囲を明確にしながら，提案内容の調整と採否の最終的な判断を行います。施工者の技術提案を取り入れながら設計者が積算を行うため，施工者と設計者の責任分担などを明確化する必要があります。

**参考文献**
・木下誠也：公共調達解体新書，経済調査会，2017
・公共工事の入札契約方式の適用に関するガイドライン　本編，国土交通省，2016
・土木学会建設マネジメント委員会公共工事発注者のあり方研究小委員会報告書，2016

■■■ Column 1 ■■■
## 羽田空港北トンネルにおける技術力の結集

### ■事業のあらまし

　東京湾岸道路「羽田空港北トンネル」は羽田空港B滑走路下を通るトンネルで，東京国際空港沖合展開事業（以下，空港沖合展開事業）と併せ空港アクセス道路としての役割を担うため，1980年代前半から本格的な事業として実施されました。空港沖合展開事業は，ハブ空港である東京国際空港（羽田空港）の輸送力増強と航空機騒音の抜本的な解消を図り，わが国の基幹空港としての機能を将来にわたって確保するため，東京都の羽田沖合廃棄物埋立地を活用し移転拡充された事業です。

　当時の羽田空港は3,000mのC滑走路と2,500mの横風用B滑走路の2本で1日420便の運航を支えていました。空港沖合展開事業では第1期として1988年7月に新A滑走路を整備，第2期にターミナル機能の沖合移転（西ターミナル），第3期に新B滑走路，新C滑走路および東側ターミナルの整備を逐次行う計画で進められました（この時点では，D滑走路の整備計画は位置も含め流動的な状況でした）。B滑走路は，ボーイング747，ロッキードL1011（トライスター）などの大型航空機の羽田就航を踏まえ，1,500mの滑走路が2,500mに拡張されました。

　そこで1970年に当時の建設省は運輸省の滑走路延伸工事に併せ，滑走路の舗装直下に都市計画決定されていた東京湾岸道路（首都高速道路と国道357号を併設する4セル12車線）のトンネル天井部分（既設頂版部）を整備し，後のトンネル工事の施工を担保しました。

第2章　積算マネジメントが必要な背景

東京国際空港沖合展開事業と東京湾岸道路

■技術的難度と厳しい制約条件

　羽田空港北トンネルは，京浜島から京浜南運河と供用中のB滑走路（タッチダウンポイント）のアンダーピニングを行いつつ，新たに沖合に整備する新B滑走路をアンダーパスします。B滑走路をどのように下から支えるのかという課題に加え，トンネルの大断面の掘削による変位や大型の地盤改良機による電波障害など，空港管制の心臓部である空港監視レーダや計器着陸装置，透過率計などの航行支援施設への影響が大きく懸念されました。

　また，供用中の滑走路に加えて地盤は，東京港の改修で羽田沖の良質な砂の掘削後に埋め立てられた泥土（羽田マヨネーズ層）で，大型車のタイヤや自転車などあらゆる廃棄物が混在しており，超軟弱な性状でした。この超軟弱地盤に道路を構築するため，トンネル挙動の課題が大きく立ちはだかりました。

■施工方法

　既設頂版部のトンネル施工方法は，地下水位低下工法を併用した上で「メッセル矢板工法」という小さな導坑を利用する計画とされていましたが，滑走路の不等沈下が懸念されたため，これを「パイプルーフ工法」による導坑に代えて発注しました。しかし，これでも滑走路の管理基準値を満足し得ないことが判明したため，滑走路上からジェットグラウト工法により，支持地盤と既設頂版部をサポートするＨ型杭ならびに両側の止水矢板をつなぎ，不等沈下を回避するとともにトンネル全断面掘削を可能としました。

　工事中の厳しい制約条件について説明します。航空機が空路から空港に接近し安全に着陸するためには，レーダや計器着陸装置等無線による航行支援施設と空港灯火などのシステムが必要となります。当時の羽田空港の場合では管制官から着陸許可を得た航空機は，計器着陸装置によりパイロットが着陸するか否かを判断する「決心高度」（200フィート）まで誘導され，それ以降は進入角表示灯および接地帯標識を頼りにパイロットが手動で着陸する方式をとっていました。

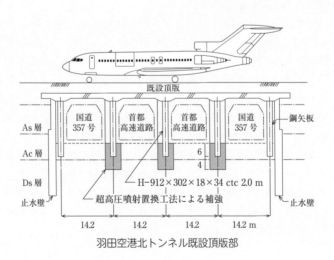

羽田空港北トンネル既設頂版部

第2章　積算マネジメントが必要な背景

ちなみに濃霧で有名なロンドン・ヒースロー空港は当時から決心高度ゼロの全自動着陸方式でした。いずれにしても航空機の安全を脅かす航行支援施設の変位は厳しく管理することが求められます。

■空港施設への対応

① 空港監視レーダは2基（デュアルモード）で運用されているので、1基に不具合が発生した時点で航空機は離着陸が制限されます。ほかの航行支援施設も運行管理上の許容変位量を超えた場合は大変なことになります。当時はこれらの重要施設が液状化を誘発する砂地盤の上にポンと置かれた状態でした。そのため、大断面掘削や地下水位低下工法を用いると、いとも簡単に変位してしまいます。そこで、大口径ボーリングで支持地盤まで削孔し、摩擦をカットする鋼管杭を建て込み、周辺をセメントミルクで注入、固化させることにより施工中の対策を行いました。

東京国際空港　第1レーダの補強工事

② B滑走路の既設頂版部は空港当局との協議を重ね、滑走路上からの高圧噴射撹拌工法によりアンダーピニングを行いますが、準備・後片付け（滑走路の点検清掃）を含め23時〜5時30分という限ら

た時間内での作業のため，1本の改良体を築造するのに幾晩もかかりました。また，湾岸道路と空港ターミナルは同時供用する必要から，沖合展開部の地盤改良は昼夜間施工を余儀なくされました。

③ 夜間施工の高圧噴射撹拌工法のセメントサイロと沖合展開部の地盤改良機がレーダの反射波に悪影響を及ぼし，管制卓上にゴースト(航空機の位置が反転したり順序が逆転したりする現象)が出ることが航空局のシミュレーションで判明したため，大学に無線の専門家を訪ね，セメントサイロと重機のリーダーには金網を張り電波を上空に拡散させ，昼間施工の地盤改良機はレーダから一定の範囲は縦の直線状に並び施工するなど，さまざまなゴースト対策を講じました。

空港監視レーダへの影響回避のため，
縦に並んだ地盤改良機

■**空港閉鎖にもつながるアクシデント**

　開削部の山留兼用止水壁として設置した鋼管矢板が，ディーゼルパイルハンマーの不発により滑走路の脇で制限高さを大きく超えて高止まりしたことや，空港監視レーダから管制室に情報を送る110芯コントロールケーブルの切回しの際に，接続したケーブルの固化剤の硬

化熱によりレーダ監視卓の画面が大きくゆがんだときは，一番機の離着陸に支障を来すことを想像し生きた心地がしませんでした。

また，滑走路周辺における空港施設の補強工事や大規模掘削などの工事情報は，空港当局からエアラインを含む世界の空港関係者に周知（NOTAM：notice to airman）されました。滑走路脇を大規模に掘削した際には，パイロットの心理的影響を回避するため，グリーンネットを張り芝生に見えるように演出しました。結果，キャプテンレポートもなく事なきを得ました。

### ■技術力の結集

空港の制限範囲内でかつ工程的にも厳しい制約条件の下，品質を確保し安全第一に施工するため，地盤や耐震工学の専門家と管制官・空港管理者・発注者からなる「羽田道路施工検討委員会」を国土技術センター（JICE）に設置し，建設省土木研究所とJICEが連携し全面的に技術サポートを行うこととなりました。

発注者の国道工事事務所長と副所長はこれらの支援体制を構築するため奔走し，さまざまな課題に適切に対応して工事を進めました。受注者は実現可能な施工方法を提案し，主任監督員の出張所長は調査設計担当の課長・監督官と密接に連携し，航空局と精力的に調整を行いました。ジェットグラウトによるアンダーピニングでＢ滑走路上に削孔する際には空港当局の許可が得られなかったため，出張所長が単身航空局に赴き調整するという今だに記憶に残る場面もありました。

受発注者が互いに尊重するパートナーシップにより技術力が結集され，提案された技術は施工検討委員会で揉んで意思決定を行うシステムが有効に機能しました。

前述したとおり肝を冷やしたアクシデントはありましたが，重大インシデントを招くことなく，大島の三原山噴火による妊婦と病人を搬送するヘリコプターの緊急着陸が４回あったことを除き，工事の中断はありませんでした。滑走路上の夜間作業で単管パイプの玉掛不良に

より滑走路灯を損傷した事故がありましたが，航行支援施設の防護と滑走路のアンダーピニングを無事に終了し，トンネル全断面掘削が開始されました。

B 滑走路上に展開されたジェットグラウト機

　発注者の体制は監督職員2名，監督支援業務2名でスタートしました。ある意味十分とはいえない状態でしたが，受注者の技術力を最大限引き出すことに注力し，土木研究所の専門家集団の大きな支援を得て，契約変更においても忌憚なく議論しつつ協議をまとめることができたと考えています。当時は他省庁でしたが，情報化施工を駆使した空港管制との対応は空港当局からも大きな評価を受けました。反省点としては，空港の電気通信設備の切回し工事に際し，下請契約において受注額が折り合わなかったため，日々空港の管理に従事する電気業者を使えなかったことです。非常に重要な業務であるため，発注者が指定するなどの対応も必要であったと考えます。

(PN：本橋　遼)

**参考文献**
・山川朝生・吉岡吉明・和田祐二・柄川伸一：超高圧噴射置換工法による既設H鋼杭の支持力増強について　その1，第43回土木学会年次学術講演会Ⅲ-128，1988
・岡田三郎・亀崎和也・渡辺英夫：超高圧噴射置換工法による既設H鋼杭の支持力増強について　その2，第43回土木学会年次学術講演会Ⅲ-121，1988

---

**航空機の誤着陸**

　1988年6月12日，東京国際空港で供用開始前の新A滑走路にインドネシア航空機が誤着陸するという事故がありました。工事中の新A滑走路を旧C滑走路と間違え着陸したものですが，機体の水平方向の傾きを確認するPAPIの位置が同じ方向なので，パイロットが誤進入に気が付かなかった可能性があります。

　2000年2月28日には，JAS346便（北九州発羽田行）ダグラスDC-9型機が東京国際空港の供用開始前の新B滑走路に誤着陸しました。重大インシデントを誘発するヒューマンエラーの難しいところだと思います。

■■■ Column 2 ■■■

### 熊本57号災害復旧　二重峠トンネル工事におけるECI方式の効果

　熊本地震の復興工事である「二重峠トンネル」区間は、将来の高規格道路が復興道路として整備された国道57号北側復旧ルートの一部であり、一刻も早く完成させる必要から、調査期間に制約がある中、発注者の責任として施工時のリスクを減らす効果的な方法を模索する必要がありました。

　そのような中、「今後の建設生産・管理システムのあり方に関する懇談会」(委員長：小澤一雅東京大学大学院工学研究科教授)を経て策定されたガイドラインをもとに、ECI方式が採用されることとなりました。

　ECI方式による主な成果は以下のとおりですが、設計部や研究所を擁するわが国のゼネコンが参画するいわゆる「日本版ECI」の効果を

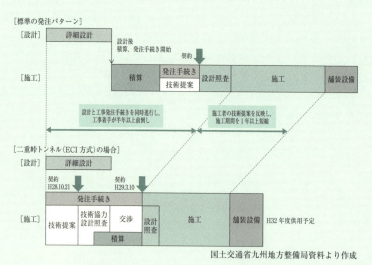

二重峠トンネルにおけるECI方式の活用効果

第 2 章　積算マネジメントが必要な背景

二重峠トンネル（大津工区）全景
（左：避難坑／右：本坑／本坑の上部はミルクロード）

順調に掘削が進む二重峠トンネル本坑
（大津工区）

最大限に引き出すため，安全確保・品質確保の観点からさまざまな取組みが行われました。ここで生まれた成果により，ECI 方式の更なる効果の発現が期待されています。
① 　契約後わずか 1.5 カ月で施工に着手
② 　先行させた避難坑を利用して本坑の切羽を 2 カ所増設し，4 切羽同時掘削を提案・実施
③ 　坑口直上 10 m 弱の低土被り部分の「ミルクロード」とトンネル本体の安全対策を実施
④ 　SIP 技術を採用した覆工コンクリートの品質確保対策を実施

(R. M.)

**参考文献**
・靏敏信・次郎丸敬太：建設マネジメント技術「熊本 57 号災害復旧二重峠トンネル工事」における技術提案・交渉方式（ECI 方式）による発注手続きについて，経済調査会，2017.8
・森田康夫：建設マネジメント技術　マネジメントの視点からみた，平成 28 年熊本地震からの復旧・復興-現場の最先端から激動の 1 年を振り返る，経済調査会，2017.5

# 第3章

# 土木工事の積算

**(第 3 章のあらまし)**

　河川やダム，道路などの社会インフラは，長期にわたって使用することや税の有効活用という観点から，計画立案，設計・施工，維持管理に至る事業執行の各過程において綿密な検討が行われています。

　このうち「積算」と呼ばれる範囲は，設計成果をもとに工事目的物の範囲・施工条件やそれらの施工に必要な諸数量，工事の標準的な施工方法（積算計画）などを策定し，「積算基準」や見積りなどを用いて「予定価格」を算定する作業です。予定価格については，平均的技術水準の受注者が各工事の現場条件の下で，標準的な施工方法で工事を実施するために必要な「適正な価格」であることが求められます。国土交通省の積算基準は，直営で工事施工の原価管理を行っていた内務省から建設省にかけて，脈々と受け継がれてきた事業執行ノウハウの集大成ともいえます。多くのデータ蓄積に基づく精緻な大系となっており，近年の施工形態や政策的課題，工事を取り巻く種々の課題に対応し，適正な価格の算出を可能としています。

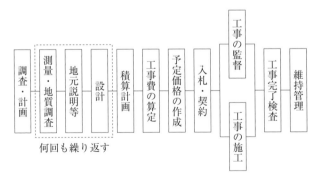

図 3-1　公共事業の執行の流れ

# 第 3 章 土木工事の積算

## 3-1 積算基準

　国土交通省では，請負工事費の構成および費目，各費目の積算方法について「土木工事工事費積算要領及び基準」と運用を制定しています（一般的にはこの「土木工事工事費積算要領及び基準」と運用を含めて「積算基準」と呼ばれています）。
　この積算基準は，国の直轄事業だけでなく都道府県や市町村でも広く用いられていることから，以下ではこの積算基準の内容をみていきます。

## 3-2 請負工事費の構成

　積算基準では，請負工事費の構成を以下のように定めています。

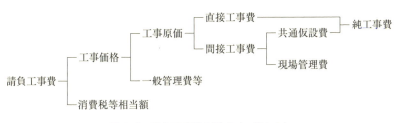

図 3-2　請負工事費の構成（一般土木）

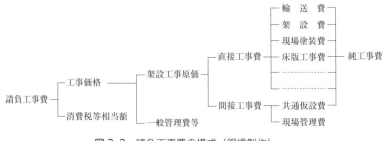

図 3-3　請負工事費の構成（鋼橋製作）

## （1）工事原価

　工事原価とは，工事現場において工事実施のために投入される材料，労務，機械，仮設物といった現場の工事管理のために必要とされる全ての費用です。

## （2）直接工事費

　直接工事費とは，工事目的物をつくるために直接投入される費用で，材料費，労務費，直接経費が該当します。例えば，橋脚や擁壁の

第3章　土木工事の積算

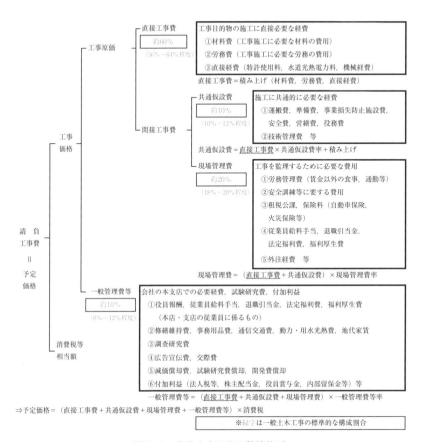

図3-4　公共土木工事の積算体系

工事では，これらの施工に用いられた機械経費，コンクリート，型枠，足場，支保工，床掘，土留，水替えなどの費用です。

◆ **材料費**

材料費は，次のような構成となっています。

$$材料費 = \overbrace{(標準使用量 + 損失量)}^{①} \times \overbrace{(買入価格 + 運搬費)}^{②}$$

①を数量と呼んでいます。標準使用量に，運搬，貯蔵および施工中の損失量を加算して算出します。この損失量は，一般に過去の工事実績などの調査から，あらかじめ設定された標準的なものを使用しています。

②は設計単価と呼ばれています。設計単価は，原則として入札時における市場価格※を採用するとともに，購入場所から現場までの運賃などの合計額とします。　※実際の市場での取引価格

材料単価は購入時期，納入場所，購入数量，決済条件など種々の条件によって異なるため，その条件に応じた適正価格を定めなければなりません。このように，材料単価について契約時点の市場価格を重視して決定するのは，市場価格の価格調査が，契約後ある一定の材料使用期間は契約価格で納入するという商慣行を前提にしていることなどに起因しているためと考えられます。

市場価格は工事の種類，規模，発注の時期，施工地域などによって千差万別であり，細かく対応するには膨大な情報が必要とされます。そこで多くの発注者は，『積算資料』（経済調査会発行）などの物価資料，見積書，発注者が特別に実施する調査（「特別調査」）などを基礎として決定します。

このうち，見積書を徴収する場合は，形状・寸法，品質，規格，数量，納入時期および納入場所などの条件を提示し見積り依頼を行い，

原則として3社以上から徴収します。価格の決定の際は，異常値を排除し平均値とします。ただし，見積書の数が多い場合は最頻度価格を採用することとされています。

[メモ2] **材料単価は2誌平均**

　材料単価を決定する場合，国土交通省の積算基準には，毎月発刊される『積算資料』と『建設物価』（建設物価調査会発行）の2誌の物価資料に掲載されている実勢単価の平均を採用することが規定されています。

　物価資料を発行している両調査機関は，独自の調査対象や調査体制を確立した上でそれぞれの物価資料を発行しています。仮に1誌のみの実勢単価を採用した場合，意図せずに過大な単価を採用している可能性があります。また1誌のみの採用は当該調査機関による価格操作が可能となり，公平・公正といった価格の信頼性を失うことにもなりかねません。2誌平均の採用は，材料単価の信頼性を担保するためにも非常に重要であるといえます。

◆**労務費**

労務費は，次のような構成となっています。

$$労務費 = \overbrace{(設計作業量 \times その作業の歩掛)}^{①} \times \overbrace{(基本給 + 割増賃金)}^{②}$$

①を所要人員と呼んでいます。所要人員は，現場条件などを考慮して工事ごとに決定することが望ましいですが，実務上，事前に妥当な所要人員を推定するのは困難です。そこで過去の工事実績から設定さ

れた作業ごとの標準的な歩掛（ぶがかり）をそれぞれの現場条件に応じて適用するのが一般的です。

②を労務賃金と呼んでいます。労務賃金とは，労務者に支払われる賃金で，基本給および割増賃金をいいます。基本給とは，所定労働時間内8時間当たりの作業に対する賃金です。また，所定労働時間外の作業および特殊条件による作業に従事した場合に支払われる賃金を割増賃金といい，割増賃金は，従事した時間および条件によって加算します。

労務賃金についても工事ごとに定められるのが望ましいですが，時期，地域，職種などによって異なるほか，同じ時期，地域，職種であっても，年齢，性別，経験年数や雇用企業によっても異なり，厳密に定めることが困難です。そこで，国土交通省と農林水産省では，独立行政法人や特殊会社および都道府県等の工事も含めた，公共工事に従事している現場作業員を対象として労務賃金の実態を調査し，「公共工事設計労務単価」を定め，それを基本給としています。

◆ 直接経費・機械経費

直接経費には「特許使用料」，「水道光熱電力料」，「機械経費」があります。

このうち機械経費について，国土交通省では別途「請負工事機械経費積算要領」を制定しており，次のような構成となっています。

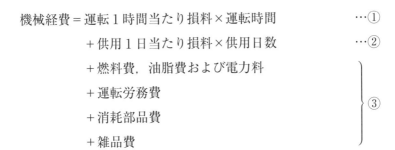

①を運転損料，②を供用損料と呼びます。①の運転損料とは，機械を運転することによって発生する変動費であり，②の供用損料とは運転に関係なく機械を保有する（機械を現場に供用する）だけで発生してしまう固定費を示します。国土交通省では実態調査をもとに運転損料や供用損料について「請負工事機械経費積算要領」の別表である「建設機械等損料算定表」（以下，損料算定表）を制定しています。

①と②の合計を機械損料と呼んでいます。機械損料とは，建設業者が建設機械を保有し工事をする場合，その建設機械の償却費，維持修理費，管理費のうち当該現場で分担すべき費用を理論的に体系立てたものです。なお償却費とは，その建設機械の取得時点から標準使用年数を経過して処分されるまでに償却される経済価値のことで，ここでいう標準使用年数とは，必要な維持修理を行って機械本来の用途で予定される能力を十分に発揮できる期間であり，減価償却に用いる耐用年数（寿命）とは異なります。

また，建設機械の中には，自社保有の機械ではなく，建設機械賃貸業者から調達することが一般的な機械が存在しています。このような賃貸機械の利用に関する費用（「賃料」）を積算する場合には，『積算資料』などの物価資料に掲載されている市場価格を適用します。な

お，施工業者が保有機械と賃貸機械のどちらかを使用するかは任意ですが，積算においては個別工種の積算基準に従って，保有機械（損料）または賃貸機械（賃料）を計上します。

③を運転経費と呼んでいます。運転経費には，燃料費，油脂費および電力料，運転労務費，消耗部品費，雑品費が含まれます。

このうちまず燃料費，油脂費および電力料は，建設機械に必要な軽油，ガソリン，電力料およびエンジンオイルなどに要する費用をいい，1時間（もしくは1日）当たりの経費に建設機械の運転時間（もしくは運転日）を乗じて求めます。

また，運転労務費は建設機械の運転に必要な労務費であり，一般的には運転手の費用のみを計上します。機械作業だけで仕事が完了しな

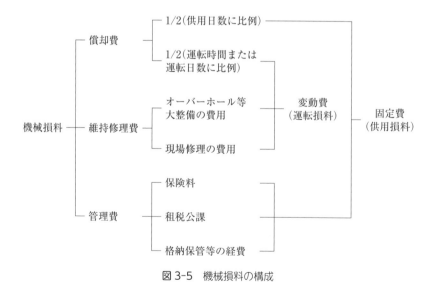

図3-5　機械損料の構成

い作業（法面仕上げや舗装面仕上げなど補助労務が必要となる場合）に必要な労務費は，運転経費に含めず，直接工事費の労務費で計上します。

消耗部品費とは，機械の構成部品のうち，破損または損耗の度合が作業条件に応じて大きく変化するもので，国土交通省通達（「建設機械の消耗部品の損耗費及び補修費について」）で定められています。

[メモ3] **運転時間，運転日数，供用日数とは？**

機械損料の説明で，「運転時間」と「供用日数」という用語が出てきましたが，これには以下のような違いがあります。

「運転時間」とは，機械が目的作業のために使用される時間で，次のような時間をいいます。

① 機械の実作業時間
② 目的作業のための自走時間
③ 目的作業に伴うエンジンの空転時間
④ 組合せ施工における一時的な作業待ち時間，クレーンやウインチなどで荷物を吊ったままの工程待ち時間，ほかの交通との交差による一時停止時間，その他わずかな工程待ち時間

このため「運転時間」は，一般に機械の実作業時間より大きい値となりますが，オペレータの拘束時間の値にまでは至りません。

「運転時間」に関連する用語として「運転日数」があります。「運転日数」とは，運転時間の多少にかかわらず，目的作業のために機械が実際に運転される日をいいます。

また，「供用日数」とは，機械を目的作業のために工事現場に

搬入した日から，工事の完了に伴い工事現場から搬出するまでを通算した日数に，当該搬入・搬出に要する日数を加えた日数で，次のような日をいいます。

① 機械の運転日
② 土・日曜，祝日などで作業休止の日
③ 悪天候で作業のできない日
④ 工事現場における機械の修理・点検（整備を除く）の日
⑤ 工事現場における機械の組立または解体の日
⑥ 法令の規定，契約による約定，その他工事施工上の必要または発注者の都合によって，機械が工事現場に拘束される日

「運転日数」と「供用日数」の関係は以下の図のように整理することができます。この図からわかるように，「供用日数」は「運転日数」を上回ることとなります。

図 3-6 運転時間（または運転日数）と供用日数の関係

[メモ4] **損料算定表の換算値損料額**

　ある工種における機械損料は,「機械の延べ運転時間×運転1時間当たり損料＋機械の供用日数×供用1日当たり損料」で求めるのが原則です。しかし, 原則を維持するためには施工条件を反映した工種 (機械) ごとの工程表を作成する必要があるため, 積算が煩雑となります。そこで機械が標準的な稼働状態の場合, 損料算定表の換算値損料額を用いるのが一般的です。なお, 標準から外れた場合において, 換算値損料を用いるには, 換算値損料額の補正が必要となります。

　さらに, 損料算定表に損料が設定されていない建設機械について積算する必要がある場合には, 見積りや価格調査などによって設定された基礎価格をベースとして損料算定表に掲載されている同種, 同形式, 類似の建設機械の損料諸数値を用いることによって照査することも可能です。

### 1）機械損料の算定

　クローラクレーン（油圧駆動ウインチ・ラチスジブ型）50～55 t 吊（排出ガス1次対策型）を対象に機械損料の算定方法と標準的稼働状態でない場合の機械損料の補正方法について説明します。

◆**機械損料表の構成内容の説明**

ここでは機械損料を構成する各要素について説明します。

（1）欄：基礎価格は，機械の販売・取得価格をもとに設定している損料算定のための価格であり，標準付属品を装備した国内における価格で消費税を含まない。

（2）欄：標準使用年数は，当該機械の性能を満たす維持修理のもと，購入価格と維持修理費との関係から生涯の経済的使用時間を設定する理論（アッカーマン方式）から算定される年数であり，機械の耐用年数とは異なる。

表3-1　機械損料表（クローラクレーン 50～55 t 吊）

| 分類コード 機械名称 | 規格 | | | (1) 基礎価格 (千円) | (2) 標準使用年数 (年) | 年間標準 | | | (6) 維持修理費率 (%) |
|---|---|---|---|---|---|---|---|---|---|
| | 諸元 | 機関出力 (kW) | 機械質量 (t) | | | (3) 運転時間 (時間) | (4) 運転日数 (日) | (5) 供用日数 (日) | |
| 0401 クローラクレーン 022［油圧駆動式ウインチ・ラチスジブ型・排出ガス対策型（第1次基準値）］50～55 t 吊 | | 132 | 56.9 | 47,300 | 14.0 | 720 | 120 | 150 | 25 |

| (7) 年間管理費率 (%) | 残存率 (%) | 運転1時間当たり | | 供用1日当たり | | 換算値 | | | | 摘要 | 備考 燃料の種類と燃料消費率 | |
|---|---|---|---|---|---|---|---|---|---|---|---|---|
| | | | | | | 運転1時間当たり | | 供用1日当たり | | | | |
| | | (8) 損料率 (×10⁻⁶) | (9) 損料 (円) | (10) 損料率 (×10⁻⁶) | (11) 損料 (円) | (12) 損料率 (×10⁻⁶) | (13) 損料 (円) | (14) 損料率 (×10⁻⁶) | (15) 損料 (円) | | (16) (ℓ/ kW・h) | (17) (ℓ/h) |
| 10 | 15 | 67 | 3,170 | 869 | 41,100 | 248 | 11,700 | 1,190 | 56,300 | | 0.076 | 10 |

(3) 欄：年間標準運転時間は，機械の使用実績等をもとに設定された1年間の標準的な値。
(4) 欄：年間標準運転日数は，機械の使用実績等をもとに設定された1年間の標準的な値であり，運転時間の多少は考慮していない。
(5) 欄：年間標準供用日数は，機械の使用実績等をもとに設定された1年間の標準的な値であり，機械を目的作業のために工事現場に搬入した日から工事完了に伴い工事現場から搬出されるまでの日数に機械の搬入搬出に要する日数を加えた日数。

※表3-1のクローラクレーン（以下，本機械）の供用1日当たりの標準運転時間（$t_o$）は，　720時間/150日＝4.8時間
この標準運転時間と現場の実態（t）が20％乖離した場合，機械損料の補正を行う。

(6) 欄：維持修理費率は，機械を標準使用年数（この場合14年間）使用するのに必要となる維持修理費総額の基礎価格に対する割合。
(7) 欄：年間管理費率は，機械を保有することで発生する1年間に必要な機械の基礎価格に対する割合。
残存率：機械が標準使用年数を終え処分される際に残る経済的価値の基礎価格に対する割合。
償却費率：「1-残存率」であり，本機械の場合 1－0.15＝0.85
(8) 欄：運転1時間（または1日）当たり損料率は，機械損料の基本的ルールに基づき「維持修理費率＋1/2償却費率」を標

準使用年数と年間標準運転時間で割戻した値。

本機械の場合：$(0.25 + 1/2 \times 0.85)/14/720 = 67 \times 10^{-6}$

(9) 欄：運転1時間（または1日）当たり損料は，(8) 欄に基礎価格を乗じて求める。

本機械の場合：$67 \times 10^{-6} \times 47,300$ 千円 $= 3,170$ 円

(10) 欄：供用1日当たり損料率は，機械損料の基本的ルールに基づき「年間管理費率＋1/2償却費率/標準使用年数」を年間標準供用日数で割戻した値。

本機械の場合：$(0.1 + 1/2 \times 0.85/14)/150 = 869 \times 10^{-6}$

(11) 欄：供用1日当たり損料は，(10) 欄に基礎価格を乗じて求める。

本機械の場合：$869 \times 10^{-6} \times 47,300$ 千円 $= 41,100$ 円

(12) 欄：運転1時間（または1日）当たり換算値損料率は，運転損料と供用損料を合算し，換算値と称してこれを表すもので，「償却費率＋維持修理費率＋管理費率」を年間標準運転時間（または年間標準運転日数）で除した値。

本機械の場合：$(((0.85 + 0.25)/14) + 0.1)/720 = 248 \times 10^{-6}$

(13) 欄：運転1時間（または1日）当たり換算値損料は，(12) 欄に基礎価格を乗じて求める。

本機械の場合：$248 \times 10^{-6} \times 47,300$ 千円 $= 11,700$ 円

※運転1時間当たり換算値損料は，(9) 欄＋(11) 欄/$t_0$で算定することができる。→$3,170$ 円＋$41,100$ 円/$4.8 = 11,700$ 円

(14) 欄：供用1日当たり換算値損料率は，(12) 欄と同様の考え方に基づき，「償却費率＋維持修理費率＋管理費率」を年間標準

供用日数で除した値。

本機械の場合：$(((0.85+0.25)/14)+0.1)/150 = 1,190 \times 10^{-6}$

(15) 欄：供用1日当たり換算値損料は，(14) 欄に基礎価格を乗じて求める。

本機械の場合：$1,190 \times 10^{-6} \times 47,300$ 千円 $= 56,300$ 円

※供用1日当たり換算値損料は，(9) 欄×$t_o$+(11) 欄で算定することができる。→3,170 円×4.8+41,100 円＝56,300 円

## 2) 機械損料の補正

ここでは現場における機械の稼働実態が標準と乖離する場合の機械損料の補正方法について，前掲規格のクローラクレーンを事例として解説します。

① 施工実績（周辺環境等により稼働時間を制限）

●延べ運転時間：180 時間

●供用日数（資材基地～資材基地）：70 日

●当該現場における供用1日当たり運転時間：t

　t＝180/70＝2.6 時間/日→$t/t_o$＝0.542

　※（標準運転時間（$t_o$：4.8 時間/日と±20% 以上乖離）

② 機械損料の補正方法

標準的な供用1日当たり運転時間 $t_o$ と 20% 以上乖離しているため，当該現場の運転時間と供用日数により算出した t＝2.6 時間をもとに，供用1日当たり換算値損料 (15) 欄を補正します。

●標準的な稼働状態の場合の供用1日当たり換算値損料：56,300 円の根拠＝(9) 欄×$t_o$+(11) 欄

　3,170 円×4.8+41,100 円＝56,300 円/日

●当該現場の供用1日当たり換算値損料＝(9)欄×t＋(11)欄
3,170円×2.6＋41,100円＝49,300円/日

③　標準歩掛との関係

供用1日当たり換算値損料は，現場の供用1日当たり運転時間が短くなると安価となりますが，1日の運転時間が制限されることにより，工程と歩掛は変動します．さらに，この事例のように標準的な運転時間（$t_0$：4.8時間/日）に対し，現場の運転時間（t＝2.6時間/日）が半分以下となる場合では，機械損料や歩掛が変動することから，設計変更の協議事項となり得ます．


## (3) 間接工事費

　間接工事費とは，個々の工事目的物に専属的に投入される費用ではなく，工事全体に共通して必要とされる費用で，共通仮設費と現場管理費から構成されます．

### ◆共通仮設費

　共通仮設費とは，工事目的物を施工するために間接的に必要となる各工事共通の工事費および経費です（表3-2）．

表 3-2 共通仮設費の内容

| 項　目 | 内　容 |
|---|---|
| 運搬費 | ・建設機械器具の運搬等に要する費用 |
| 準備費 | ・準備および後片付けに要する費用<br>・調査・測量，丁張り等に要する費用<br>・伐開，整地および除草に要する費用 |
| 事業損失防止施設費 | ・工事施工に伴って発生する騒音，振動，地盤沈下，地下水の断絶等に起因する事業損失を未然に防止するための仮施設の設置費，撤去費および当該施設の維持管理等に要する費用<br>・事業損失を未然に防止するために必要な調査等に要する費用 |
| 安全費 | ・安全施設等に要する費用<br>・安全管理等に要する費用<br>・上記に掲げるもののほか，工事施工上必要な安全対策等に要する費用 |
| 役務費 | ・土地の借上げ等に要する費用<br>・電力，用水等の基本料<br>・電力設備用工事負担金 |
| 技術管理費 | ・品質管理のための試験等に要する費用<br>・出来形管理のための測量等に要する費用<br>・工程管理のための資料の作成等に要する費用<br>・上記に掲げるもののほか，技術管理上必要な資料の作成に要する費用 |
| 営繕費 | ・現場事務所，試験室等の営繕（設置・撤去，維持・修繕）に要する費用<br>・労働者宿舎の営繕（設置・撤去，維持・修繕）に要する費用<br>・倉庫および材料保管場の営繕（設置・撤去，維持・修繕）に要する費用<br>・労働者の輸送に要する費用<br>・上記に係る土地・建物の借上げに要する費用<br>・監督員詰所および火薬庫の営繕（設置・撤去，維持・修繕）に要する費用<br>・上記に掲げるもののほか，工事施工上必要な営繕等に要する費用 |

◆**現場管理費**

　現場管理費とは，施工にあたって，工事を管理するために必要な共通仮設費以外の経費です（表 3-3）。

表 3-3 現場管理費の内容

| 項　目 | 内　容 |
|---|---|
| 労務管理費 | 現場労働者に係る以下の費用<br>・募集および解散に要する費用（赴任旅費および解散手当を含む）<br>・慰安，娯楽および厚生に要する費用<br>・直接工事費および共通仮設費に含まれない作業用具および作業用被服の費用<br>・賃金以外の食事，通勤等に要する費用<br>・労災保険法等による給付以外に災害時には事業主が負担する費用 |
| 安全訓練等に要する費用 | 現場労働者の安全・衛生に要する費用および研修訓練等に要する費用 |
| 租税公課 | 固定資産税，自動車税，軽自動車税等の租税公課<br>ただし，機械経費の機械器具等損料に計上された租税公課は除く |
| 保険料 | 自動車保険（機械器具等損料に計上された保険料は除く），工事保険，組立保険，法定外の労災保険，火災保険，その他の損害保険の保険料 |
| 従業員給料手当 | 現場従業員の給料，諸手当（危険手当，通勤手当，火薬手当等）および賞与<br>ただし，本店および支店で経理される派遣会社役員等の報酬および運転者，世話役等で純工事費に含まれる現場従業員の給料等は除く |
| 退職金 | 現場従業員に係る退職金および退職給与引当金繰入額 |
| 法定福利費 | 現場従業員および現場労働者に関する労災保険料，雇用保険料，健康保険料および厚生年金保険料の法定の事業主負担額並びに建設業退職金共済制度に基づく事業主負担額 |
| 福利厚生費 | 現場従業員に係る慰安娯楽，貸与被服，医療，慶弔見舞等福利厚生，文化活動等に要する費用 |
| 事務用品費 | 事務用消耗品，新聞，参考図書等の購入費 |
| 通信交通費 | 通信費，交通費および旅費 |
| 交際費 | 現場への来客等の応対に要する費用 |
| 補償費 | 工事施工に伴って通常発生する物件等の毀損の補償費および騒音，振動，濁水，交通騒音等による事業損失に係る補修費<br>ただし，臨時にして巨額なものは除く |
| 外注経費 | 工事施工を専門工事業者等に外注する場合に必要となる経費 |
| 工事登録費用 | 工事実績等の登録に要する費用 |
| 動力・用水光熱費 | 現場事務所，試験室，労働者宿舎，倉庫および材料保管庫で使用する電力，用水，ガス等の費用（基本料金を含む） |
| 雑費 | 上記に属さない諸費用 |

## (4) 一般管理費等

一般管理費等とは，企業の継続的な運営に必要な経費であり，「一般管理費」と「付加利益」から構成されます。

### ◆一般管理費

一般管理費は，施工にあたる企業を継続運営するのに必要な本店および支店における経費などをいいます（表3-4）。

### ◆付加利益

「付加利益」とは，法人税や支払利息など，以下のような内容が含まれます。

・法人税，都道府県民税，市町村民税等
・株主配当金
・役員賞与金
・内部留保金
・支払利息および割引料，支払保証料その他の営業外費用

表 3-4　一般管理費の内容

| 項　目 | 内　容 |
| --- | --- |
| 役員報酬 | 取締役および監査役に対する報酬および役員賞与（損金算入分） |
| 従業員給料手当 | 本店および支店の従業員に対する給料，諸手当および賞与 |
| 退職金 | 退職給与引当金繰入額ならびに退職給与引当金の対象とならない役員および従業員に対する退職金 |
| 法定福利費 | 本店および支店の従業員に関する労災保険料，雇用保険料，健康保険料および厚生年金保険料の法定の事業主負担額 |
| 福利厚生費 | 本店および支店の従業員に係る慰安娯楽，貸与被服，医療，慶弔見舞等，福利厚生費，文化活動等に要する費用 |
| 修繕維持費 | 建物，機械，装置等の修繕維持費，倉庫物品の管理費等 |
| 事務用品費 | 事務用消耗品費，固定資産に計上しない事務用備品費，新聞，参考図書等の購入費 |
| 通信交通費 | 通信費，交通費および旅費 |
| 動力，用水，光熱費 | 電力，水道，ガス等の費用 |
| 調査研究費 | 技術研究，開発等の費用 |
| 広告宣伝費 | 広告，公告，宣伝に要する費用 |
| 交際費 | 本店および支店への来客等の応対に要する費用 |
| 寄付金 | |
| 地代家賃 | 事務所，寮，社宅等の借地借家料 |
| 減価償却費 | 建物，車両，機械装置，事務用備品等の減価償却額 |
| 試験研究費償却 | 新製品または新技術の研究のため特別に支出した費用の償却額 |
| 開発費償却 | 新技術または新経営組織の採用，資源の開発，市場の開拓のため特別に支出した費用の償却額 |
| 租税公課 | 不動産取得税，固定資産税等の租税および道路占用料，その他の公課 |
| 保険料 | 火災保険およびその他の損害保険料 |
| 契約保証費 | 契約の保証に必要な費用 |
| 雑費 | 電算等経費，社内打合せ等の費用，学会および協会活動等諸団体会費等の費用 |

## 3-3　直接工事費の積算

　現在，直接工事費の積算には，「積上げ積算方式」，「市場単価方式」，「施工パッケージ型積算方式」，「土木工事標準単価方式」という4つの手法が用いられています。
　このうち「積上げ積算方式」は，公共工事が直営施工の時代から行

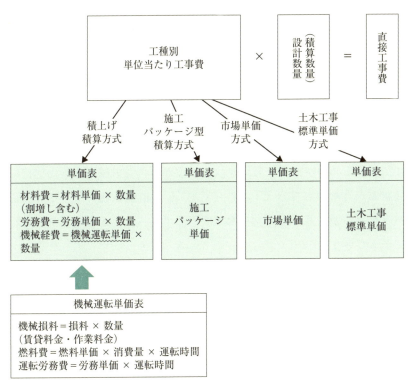

図 3-7　直接工事費の積算方式（イメージ）

表 3-5　積算方法の種類と特徴

| 導入時期 | 積算方式 | 特　徴 |
| --- | --- | --- |
| ～現在 | 積上げ積算方式 | 数量に単価を乗じて，材料費，労務費，機械経費を個別に算出する積算方式 |
| 1993年4月～現在 | 市場単価方式 | 材料費，労務費，機械経費を含む施工単位当たりの市場での取引価格（「市場単価」）を用いる積算方式<br>※一部工種は，土木工事標準単価方式に移行 |
| 2004年12月～2012年3月※現在廃止 | ユニットプライス型積算方式 | データベース化された過去の受発注者の合意単価（材料費，労務費，機械経費に一部の諸経費を含む）から算出した「ユニットプライス」を用いる積算方式 |
| 2012年10月～現在 | 施工パッケージ型積算方式 | 材料費，労務費，機械経費を含む施工単位当たりの「施工パッケージ単価」を用いる積算方式 |
| 2017年10月～現在 | 土木工事標準単価方式 | 工事業者の施工実績に基づき，調査により得られた材料費，歩掛等によって算出した施工単価（「土木工事標準単価」）を用いる積算方式 |

われていた積算方式です。材料費，労務費，機械経費をそれぞれ個別に積算する必要があるため，建設省の頃から積算の簡素化や効率化の取組みが進められてきました。その結果，「市場単価方式」や「施工パッケージ型積算方式」，「土木工事標準単価方式」が導入され，現在に至っています。

## （1）積上げ積算方式

　積上げ積算方式とは，材料費，労務費，直接経費（主に機械経費）について，個別に「数量×単価」により算出し，積み上げる積算方式です。ここで用いられる数量は「歩掛」と呼ばれ，一般的に国土交通

省により定められた「土木工事標準歩掛」が用いられています。

　土木工事標準歩掛は，わが国で行われる土木工事の汎用的な各種の工法において標準的に用いられる材料，労務，機械などの組合せ，当該組合せによる標準的な生産能力，当該工法の適用範囲などを定めたもので，国土交通省の直轄事業および補助事業を調査対象とした実態調査結果をもとに定められています。

　この土木工事標準歩掛は，あくまでも標準的な施工を想定して設定されており，実際の施工における工法や機械を規定あるいは制約するものではありません。

　また，土木工事標準歩掛では，当該工法の適用範囲を定めていますが，実際の施工ではこの適用範囲を外れる場合があります。このような場合，見積書または特別調査によりその案件独自の歩掛を作成することがあります。

### 1）土木工事の標準歩掛

　標準歩掛は，標準的に用いられる材料費，労務費，機械経費などの組合せおよびこれらの組合せによる標準的な生産能力，該当する工法の適用範囲などについて定めたもので，直轄および補助（都道府県および政令指定都市の補助（交付金を含む）事業）で発注もしくは継続している工事を対象とした「施工実態調査」の結果を反映しています。

　工種ごとに1工種当たり100現場程度のサンプルを用いて策定しており，施工条件が同一の場合でもばらつきのあるデータ分布となります。標準歩掛は標準的な施工が行われた場合の所要量として平均値で設定しています。

そのため標準歩掛の適用範囲を外れる場合は、見積りまたは特別調査による「独自の歩掛」を積算に用いる場合があります。あくまでも標準的な施工を想定した予定価格の算定ツールとしての位置付けであることを踏ま

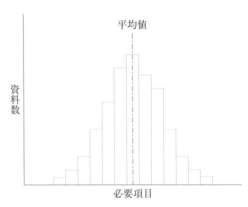

図 3-8　標準歩掛の集計（イメージ）

え，実施工における工法や機械（機種・規格等）を規定するものではありません。実施工と労務や機械に差があることを受容する必要があります。

### 2）積上げ積算の事例

ここでは，図 3-9 に示す橋脚施工における仮締切り鋼矢板の打込み

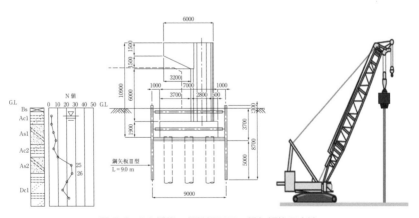

図 3-9　P1 橋脚　仮締切り工・鋼矢板施工方法

表3-6 バイブロハンマによる鋼矢板打込み単価表

| 第○号単価表 バイブロハンマ施工による鋼矢板打込み（陸上施工）10枚当たり単価表 ||||||||
|---|---|---|---|---|---|---|---|
| | 名 称 | 規 格 | 単位 | 数量 | 単価 | 金額 | 摘 要 |
| ① | 土木一般世話役 | | 人 | 0.286 | 25,500 | 7,293 | 数量＝10÷35枚×1 |
| ② | とび工 | | 人 | 0.571 | 27,900 | 15,930 | 数量＝10÷35枚×2 |
| ③ | 普通作業員 | | 人 | 0.286 | 21,600 | 6,177 | 数量＝10÷35枚×1 |
| ④ | バイブロハンマ杭打機運転 | 打込み 電動式60kw Ⅲ型 | 日 | 0.286 | 135,100 | 38,638 | 第△号単価表 (表3-11) |
| ⑤ | 諸雑費 (率＋まるめ) | 19% | 式 | 1 | | 12,922 | (①＋②＋③＋④) ×諸雑費率－端数調整 68,038×0.19－5 |
| ⑥ | 計 | | | | | 80,960 | Σ①～⑤ |
| ⑦ | 1枚当たり | | | | | 8,096 | 円/枚 |

を事例として，積上げ積算について説明します。

　土質柱状図による地盤の固さは，最大N値26です。設計計算により鋼矢板はⅢ型9mと決定し，周辺との調整により，バイブロハンマによる打込み・引抜き工法で施工することとします。

　積上げ積算は，表3-6のように，1日当たりの労務編成，主要な機械，材料から構成されます。なお，この場合の材料費（鋼矢板の賃料と修理損耗費）は別途積み上げて計上します。

### 3）積算手順

①機械の選定

ⅰ）バイブロハンマの選定

　周辺との調整をもとに，施工方法は騒音・振動を許容するバイブロハンマによる施工と決定しました。地盤の固さ（この場合の指標は標

準貫入試験結果から得られるN値）と鋼矢板の打込み長さから機種が決定できます（図3-10）。

ⅱ）付属機械（ベースマシン）の選定

打込み・引き抜き用機種が決まるとベースマシンは表3-7のように選定できます。

②労務編成

鋼矢板の打込み・引き抜きの日当たり編成人員は表3-8のように継施工の有無や補助工法により決定されます。

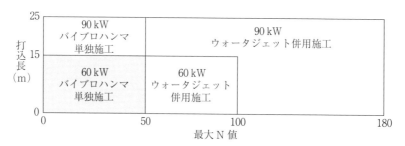

図3-10　バイブロハンマ機種の選定範囲

表3-7　付属機械の選定

| バイブロハンマ<br>種別 | 施　工　内　容 | 機　械　名 | 規　　　格 |
|---|---|---|---|
| 電動式<br>バイブロハンマ | 打込（ウォータジェット<br>併用施工を含む）・引抜 | クローラ<br>クレーン | 油圧駆動式<br>ウインチ・ラチスジブ型<br>排出ガス対策型<br>50～55 t 吊 |
| 油圧式<br>バイブロハンマ | 打込（ウォータジェット<br>併用施工を含む） | | |
| | 引抜 | ラフテレーン<br>クレーン | 油圧伸縮ジブ型<br>排出ガス対策型<br>25 t 吊 |

第3章　土木工事の積算

表3-8　鋼矢板打込み・引抜きの日当たり編成人員

| 項目 | 区分 | 単位 | 土木一般世話役 | とび工 | 普通作業員 | 溶接工 |
|---|---|---|---|---|---|---|
| バイブロハンマ単独施工（打込，引抜） | 継施工なし | 人 | 1 | 2 | 1 | — |
| | 鋼矢板（溶接接合） | 〃 | 1 | 2 | 1 | 2 |
| | H形鋼（ボルト接合） | 〃 | 1 | 3 | 1 | — |
| ウォータジェット併用施工 | 継施工なし | 〃 | 1 | 2 | 1 | 1 |
| | 鋼矢板（溶接接合） | 〃 | 1 | 2 | 1 | 2 |
| | H形鋼（ボルト接合） | 〃 | 1 | 3 | 1 | 1 |

③鋼矢板打込み施工歩掛（日当たり）

表3-9からⅢ型鋼矢板打込長9m以下の日当たり施工枚数は35枚となります。

④機械の運転単価表

機械の運転単価表は積算基準書に「指定事項」として掲載されています（表3-10）。該当する機種に照らして指定事項どおりに運転単価表を作成します（表3-11）。

⑤諸雑費

諸雑費は，鋼矢板の共下がり防止および導材（ガイド）用の溶接棒および電気溶接機損料，導材（ガイド）賃料，施工機械足場用の敷鉄板賃料，現場内小運搬に関する経費，電力に関する経費等の費用であり，労務費，機械損料および運転経費の合計額に表3-12の率を乗じた金額を上限として計上します。事例の打込みの場合，諸雑費率は19%を採用します。

表3-9 鋼矢板打込み日当たり施工枚数 陸上施工・継施工なし(最大N値<50)

[枚(本)/日]

| 打込長<br>(m) | ⅠA型 | Ⅱ型 | Ⅲ型 | Ⅳ型 | $V_L$型 | Ⅱw型 | Ⅲw型 | Ⅳw型 | 10H型 |
|---|---|---|---|---|---|---|---|---|---|
| 2以下 | 57 | 56 | 55 | 54 | 52 | 55 | 53 | 52 | 53 |
| 4 〃 | 51 | 49 | 47 | 44 | 40 | 46 | 43 | 39 | 42 |
| 6 〃 | 47 | 43 | 40 | 37 | 32 | 40 | 36 | 32 | 35 |
| 9 〃 | ― | 38 | 35 | 31 | 26 | 34 | 30 | 26 | 29 |
| 12 〃 | ― | 33 | 29 | 26 | 21 | 29 | 25 | 21 | 24 |
| 15 〃 | ― | 29 | 26 | 22 | 18 | 25 | 21 | 18 | 20 |
| 19 〃 | ― | ― | 24 | 21 | 16 | ― | 20 | 16 | ― |
| 23 〃 | ― | ― | ― | 18 | 14 | ― | ― | 14 | ― |
| 25 〃 | ― | ― | ― | 16 | 13 | ― | ― | 13 | ― |

(注) 施工枚(本)数には,導材(ガイド)および敷鉄板の施工手間を含む。

表3-10 機械運転単価表(陸上施工)

| 機械名 | 規格 | 単価表 | 指定事項 | 摘要 |
|---|---|---|---|---|
| バイブロハンマ杭打機 | 電動式 普通型<br>60kW,90kW | 機-20 | 運転労務数量→1.00<br>燃料消費量 →69<br>機械損料1 →バイブロハンマ<br>　　　　　　　(単体)<br>　　　　　　電動式 普通型<br>　　　　　　60kW,90kW<br>機械損料数量→1.30<br>機械損料2 →クローラクレーン<br>　　　　　　油圧駆動式ウインチ・ラチスジブ型<br>　　　　　　排出ガス対策型<br>　　　　　　50～55t吊<br>機械損料数量→1.30 | 打込引抜 |

第 3 章 土木工事の積算

表3-11 機械運転単価表（指定事項をもとに作成）

第△号単価表 バイブロハンマ杭打機運転 電動式60kw Ⅲ型 1日当たり単価表

| | 名 称 | 規 格 | 単位 | 数量 | 単価 | 金額 | 摘 要 |
|---|---|---|---|---|---|---|---|
| ① | 運転手（特殊） | | 人 | 1.00 | 24,600 | 24,600 | |
| ② | 軽油 | パトロール給油 1,2号 | L | 69 | 133 | 9,177 | |
| ③ | バイブロハンマ（単体） | 電動式・普通型 60 kW 461-480 kN 17～21 Hz | 供用日 | 1.3 | 21,600 | 28,080 | |
| ④ | クローラクレーン | 油圧駆動ウインチ ラチスジブ型 排対型（一次） 50-55 t 吊 | 供用日 | 1.3 | 56,300 | 73,190 | |
| ⑤ | 諸雑費（まるめ） | | 式 | 1 | | 53 | |
| ⑥ | 計 | | | | | 135,100 | |
| ⑦ | 1日当たり | | | | | 135,100 | 円/日 |

表3-12 諸雑費率

(%)

| 施工区分 | バイブロハンマ規格 | | 諸 雑 費 率 | | | | |
|---|---|---|---|---|---|---|---|
| | | | 継施工なし | | 継施工あり | | |
| | | | 普通・広幅鋼矢板 H形鋼 | ハット形鋼矢板 | 普通・広幅鋼矢板 | ハット形鋼矢板 | H形鋼 |
| バイブロハンマ単独施工・打込 | 電動式 | 60 kW | 19<br>13 | 16<br>11 | 17<br>12 | 15<br>11 | 17<br>12 |
| | | 90 kW | 22<br>15 | 18<br>13 | 20<br>14 | 17<br>12 | 20<br>14 |
| | 油圧式 | 235 kW | 1<br>1 | 1<br>1 | 2<br>1 | 2<br>1 | 1<br>1 |

上段：陸上施工の場合　下段：水上施工の場合

●まとめ

 以上の事例のように,標準歩掛が設定されている場合の積上げ積算は,施工機械の選定から機械の運転単価表,日当たりの労務編成と日当たり施工量,矢板打ち込み時に必要な導材・敷き鉄板等の賃料や発動発電機等の補助機械まで,施工方法に照らして容易に積算できます。

## (2) 市場単価方式

 市場単価方式とは,工事を構成する一部または全部の工種について,歩掛を用いず材料費,労務費,機械経費を含む単位当たりの市場での取引価格(「市場単価」)を用いて積算する方式です。

 この「市場単価」とは,工事の受注業者(元請業者)と専門工事業者との間で取引される材工共[※]の外注価格のうち一定の要件を満たしたものをいい,物価調査機関が定期的(年4回)に調査して『土木施

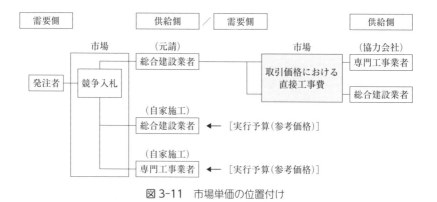

図3-11 市場単価の位置付け

工単価』（経済調査会発行）などの物価資料に掲載しています。
※材料費，労務費，機械経費を含む

## （3）土木工事標準単価方式

　土木工事標準単価方式とは，市場単価方式と同様，工事を構成する一部または全部の工種について，単位当たりの価格（「土木工事標準単価」）を用いて積算する方式です。この土木工事標準単価とは，工事業者の実行予算に基づき，物価調査機関が実態調査により得た材料費，歩掛などによって算定された単位当たりの価格をいいます。

　これまで市場単価方式が適用されてきた工種のうち，区画線工など一部の工種では，良好な取引が行われたデータの収集が困難になってきたことから，2017年10月より土木工事標準単価方式に移行してい

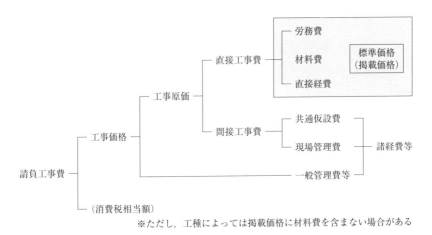

図3-12　土木工事標準単価の位置付け

ます。物価調査機関では，調査結果を定期的（年4回）に『土木施工単価』などの物価資料に掲載しています。

[メモ5] **取引価格（プライス）と費用（コスト）**

　施工費には取引価格（プライス）と費用（コスト）が存在します。取引価格（プライス）とは，総合建設業者（元請）と専門工事業者（協力会社）間の市場の価格で，市場単価方式において積算に活用されます。取引である以上，需給のバランスによって価格変動が生じます。

　それに対して，費用（コスト）とは平均的水準の施工者が標準的な施工方法で当該工種を実施した場合の価格を表します。例えば土木工事標準単価を構成する歩掛が該当し，土木工事標準単価は実態調査による歩掛と材料費などによって設定されます。費用であるため，施工方法の見直しなどによる価格の変動はありますが，市場の取引によって価格が変動することはありません。

　市場単価方式と土木工事標準単価は，それぞれの価格構成要素が取引価格（プライス）と費用（コスト）で異なるため，同一条件の同一工種であっても，設定される施工費が異なる場合もあります。

## （4）施工パッケージ型積算方式

　「施工パッケージ型積算方式」とは，機械経費，労務費，材料費をひとまとめにした単価（「施工パッケージ単価」）を用いて積算する方式です。
　具体的には，「標準単価」（工種別・条件区分別に設定された基準年

第3章　土木工事の積算

月における東京17区の施工パッケージ単価）を積算する地区・時点に応じて補正を行った「積算単価」を用いて積算を行います（図3-13）。この補正には，「代表機労材規格」の構成比や東京17区と積

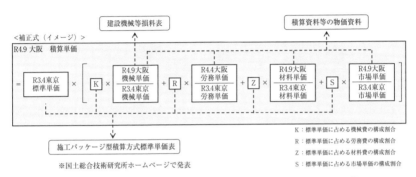

図3-13　施工パッケージ型積算方式における単価補正（イメージ）

表3-13　「施工パッケージ型積算方式」における用語の定義・解説

| 用　語 | 定義・解説 |
|---|---|
| 標準単価表 | 施工パッケージの条件区分，標準単価，機労材構成比，代表機労材規格を記載した単価表 |
| 　　標準単価 | 基準地区（東京17区）における基準年月の標準的な単価<br>（基準年月は適用年度の前年の4月）<br>※施工パッケージは，歩掛をもとに設定しているため，標準単価には機械経費，労務費，材料費に加えて歩掛の諸雑費や雑工種の費用も含まれる |
| 　　機労材構成比 | 標準単価に占める代表機労材規格ごとの金額構成比率 |
| 　　代表機労材規格 | 標準単価を設定した際に想定した代表的な機労材の名称・規格。最大で機械3機種，労務4職種，材料4規格，市場単価1規格 |
| 積算単価 | 工事地区・時期に応じて標準単価を補正して算出する単価 |
| 補正式 | 積算単価を算出するための補正式<br>（標準単価，機労材構成比，機労材単価を用いて算出） |

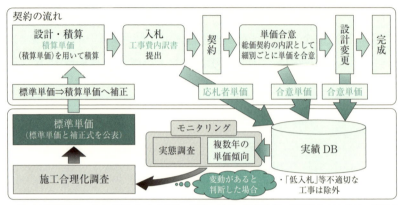

※施工合理化調査：土木工事における機械，労務，材料の運転時間の所要量などの施工の実態を把握するための調査

図 3-14　標準単価更新の流れ

算地区の価格比を用います。また，この「標準単価」や「代表機労材規格の構成比」は，国土交通省国土技術政策総合研究所のホームページで公表されている値を利用します。

　なお，標準単価に関しては，機械経費，労務費，材料費の物価変動による乖離が生じないように，毎年度，単価の更新が行われているだけでなく，「施工合理化調査」などの実態調査の結果を踏まえ，施工実態の変動についても反映されています（図 3-14）。このため，歩掛を用いた積上げ積算方式と同水準の単価となっていると考えられます。

第 3 章　土木工事の積算

[メモ 6]　**施工パッケージの見直し**

　前述したとおり，施工パッケージ型積算方式に用いられる標準単価は物価や施工形態の変動を踏まえ，毎年度，見直しが行われています。

　2017 年度の改定では，舗装関係工種（アスファルト舗装工，排水性アスファルト舗装工，透水性アスファルト舗装工）について，従来は幅を持った舗装厚区分により積算が行われていましたが，設計値（実数）に応じた積算が可能となる標準単価の設定方法に改定されました。

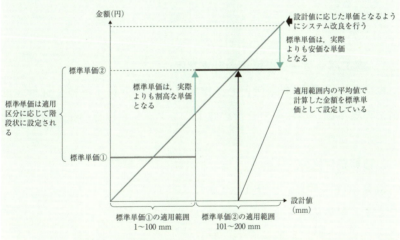

図 3-15　設計値に応じた標準単価の設定（イメージ）

[メモ7] **施工パッケージはわかりにくい?**

　施工パッケージ型積算方式はブラックボックスでわかりにくいという意見を聞くことがあります。しかし施工パッケージ型積算方式の標準単価表には，機械経費，労務費，材料費の内訳が示されているので，多くの施工パッケージが構成要素の逆数をとって歩掛を想定できます。また合意単価だけでなく，施工実態も踏まえ標準単価として設定しているので，単価が下がり続けるといった悪循環に陥る懸念もありません。

　施工パッケージ型積算方式や積上げ積算方式といった方式を問わず，現場の施工条件を補足できない場合は，適正な見積りを採用するなどほかの手法で積算する必要があります。

### 1) 施工パッケージ型積算の計算事例

　場所打L型擁壁を事例とし，機械3機種・労務4職種・材料4規格・市場単価と実数入力を含む施工パッケージ型積算の積算方法を以下に示します。

　①積算条件区分

　積算条件区分は，表3-14のとおりです。冬季施工を勘案し，躯体コンクリートは早強コンクリートとし，仮囲内のジェットヒータ養生とします。

　②標準単価表の抽出

　積算条件区分をもとに積算で使用

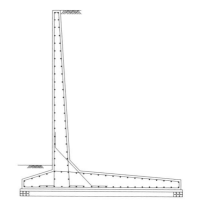

第3章　土木工事の積算

表3-14　場所打L型擁壁工積算条件区分

| 積　算　条　件 | |
|---|---|
| 生コンクリートの規格 | 24-12-25（20）（早強） |
| 鉄筋量 | 80〜100 kg/m$^3$ |
| 鉄筋規格（代表規格） | SD345 D25 |
| 基礎砕石の有無 | 有 |
| 均しコンクリートの有無 | 有 |
| 養生工の種類 | 仮囲内ジェットヒータ養生 |
| 圧送管延長距離区分 | 延長なし |

する施工パッケージ型積算の標準単価を抽出します。標準単価表の生コンクリートの規格は24-12-25（20）（高炉）となっていますが，現場で実際に使用するコンクリートの規格に変更できます（表3-15）。

③機労材構成比と使用単価の整理

施工パッケージ型積算の標準単価表と実施工を想定した代表機労材規格をもとに，機労材構成比と使用単価を整理します。東京R3.4単価は標準単価表作成に使用した単価です（表3-16）。

④施工パッケージ型積算の手順

代表機労材規格と使用単価をもとに「機械」「労務」「材料」「市場単価」の補正値を求め，標準単価に乗じることで，104頁に示すようにA県B市の積算単価を算出することができます。

表 3-15 施工パッケージ型積算方式標準単価表

No.065【L 型擁壁】〈積算単位：m³〉

| 条件区分 | | | | | | 標準単価 | 機労材構成比 | | | | | | | | |
|---|---|---|---|---|---|---|---|---|---|---|---|---|---|---|---|
| コンクリート規格 | 鉄筋量 | 基礎砕石の有無 | 均しコンクリートの有無 | 養生工の種類 | 圧送管延長距離区分 | | K | K1 | K2 | K3 | R | R1 | R2 | R3 | R4 |
| 24-12-25 (20)(高炉) | 0.08 t/m³以上 0.10 t/m³未満 | 有り | 有り | 仮囲い内ジェットヒータ養生 | 延長無し | 52,558 | 2.19 | 1.20 | 0.30 | 0.20 | 41.22 | 14.95 | 9.50 | 3.39 | 0.93 |

| 機労材構成比 | | | | | | 代表機労材規格 | | |
|---|---|---|---|---|---|---|---|---|
| Z | Z1 | Z2 | Z3 | Z4 | S | K (＊印：賃料) | | |
| | | | | | | K1 | K2 | K3 |
| 45.64 | 29.39 | 14.37 | 1.31 | 0.49 | 10.95 | コンクリートポンプ車［トラック架装・ブーム式］圧送能力 90～110 m³/h | 業務用可搬型ヒータ［ジェットヒータ］［油だき・熱風・直火型］熱出力 126 MJ/h (30,100 kcal/h)油種 灯油 | 発動発電機［ディーゼルエンジン駆動］定格容量 (50/60 Hz) 2.7/3 kVA |

| 代表機労材規格 | | | | | | | | | 備考 |
|---|---|---|---|---|---|---|---|---|---|
| R | | | | Z | | | | S | |
| R1 | R2 | R3 | R4 | Z1 | Z2 | Z3 | Z4 | | |
| 普通作業員 | 型わく工 | 土木一般世話役 | 特殊作業員 | 生コンクリート高炉 24-12-25 (20) W/C 55% | 鉄筋コンクリート用棒鋼 SD345 D25 | 灯油 白灯油業務用ミニローリー | 軽油 1, 2号バトロール給油 | 鉄筋工加工・組立共一般構造物 | ― |

# 第3章 土木工事の積算

表3-16 L型擁壁の代表規格・構成比

| | 規格 | 構成比(%) | 単価 東京R3.4 | 単価 A県R4.4 |
|---|---|---|---|---|
| K | | 2.19 | — | — |
| K1 | コンクリートポンプ車［トラック架装ブーム式］圧送能力 90〜110 m³/h | 1.20 | 51,800 | 51,800 |
| K2 * | 業務用可搬式ヒータ［ジェットヒータ］［油だき・熱風・直火型］熱出力 126 MJ/h (30,100 kcal/h)（賃料） | 0.30 | 1,100 | 1,300 |
| K3 | 発動発電機［ディーゼルエンジン駆動］定格容量（50/60 Hz）2.7/3 kVA | 0.20 | 416 | 399 |
| R | | 41.22 | — | — |
| R1 | 普通作業員 | 14.95 | 21,600 | 18,100 |
| R2 | 型枠工 | 9.50 | 26,300 | 22,600 |
| R3 | 土木一般世話役 | 3.39 | 25,500 | 23,100 |
| R4 | 特殊作業員 | 0.93 | 24,700 | 21,000 |
| Z | | 45.64 | — | — |
| Z1 | 生コンクリート 高炉 24-12-25 (20) W/C 55% | 29.39 | 14,700 | 15,900 |
| Z2 | 鉄筋コンクリート用棒鋼 SD345 D25（代表径） | 14.37 | 81,000 | 98,500 |
| Z3 | 灯油 白灯油 業務用 ミニローリー | 1.31 | 72 | 93 |
| Z4 | 軽油 1.2号 パトロール給油 | 0.49 | 116 | 130 |
| S | 鉄筋工 加工・組立共 一般構造物 | 10.95 | 64,000 | 52,500 |

※ 機械単価，労務単価，材料単価，市場単価は仮想の単価である。

積算単価＝52,558 円／m³×

【機械の補正】

$$\left\{\left(\frac{1.2}{100}\times\frac{51,800}{51,800}+\frac{0.3}{100}\times\frac{1,300}{1,100}+\frac{0.2}{100}\times\frac{399}{416}\right)\times\frac{2.19}{1.20+0.30+0.20}\right.$$

【労務の補正】

$$+\left(\frac{14.95}{100}\times\frac{18,100}{21,600}+\frac{9.5}{100}\times\frac{22,600}{26,300}+\frac{3.39}{100}\times\frac{23,100}{25,500}+\frac{0.93}{100}\times\frac{21,000}{24,700}\right)\times\frac{41.22}{14.95+9.50+3.39+0.93}$$

【材料の補正】

$$+\left(\frac{29.39}{100}\times\frac{15,900}{14,700}+\frac{14.37}{100}\times\frac{98,500}{81,000}+\frac{1.31}{100}\times\frac{93.0}{72.0}+\frac{0.49}{100}\times\frac{130}{116}\right)\times\frac{45.64}{29.39+14.37+1.31+0.49}$$

【市場単価の補正】

$$+\frac{10.95}{100}\times\frac{52,500}{64,000}$$

【全体の補正】

$$\left.+\frac{100-2.19-41.22-45.64-10.95}{100}\right\}$$

51509.6212810

51,510 円／m³（5桁目を切り上げ有効数字4桁とする）

| | 構成比(%) | 単価 東京 R3.4 | 単価 A県 R4.4 |
|---|---|---|---|
| K | 2.19 | | |
| K1 | 1.20 | 51,800 | 51,800 |
| K2 | 0.30 | 1,100 | 1,300 |
| K3 | 0.20 | 416 | 399 |
| R | 41.22 | | |
| R1 | 14.95 | 21,600 | 18,100 |
| R2 | 9.50 | 26,300 | 22,600 |
| R3 | 3.39 | 25,500 | 23,100 |
| R4 | 0.93 | 24,700 | 21,000 |
| Z | 45.64 | | |
| Z1 | 29.39 | 14,700 | 15,900 |
| Z2 | 14.37 | 81,000 | 98,500 |
| Z3 | 1.31 | 72 | 93 |
| Z4 | 0.49 | 116 | 130 |
| S | 10.95 | 64,000 | 52,500 |

第 3 章　土木工事の積算

### 2）施工パッケージ型積算から歩掛を想定

軟岩の大型ブレーカー掘削の施工パッケージ型積算標準単価表をもとに 1 日当たり歩掛を想定します。

①積算条件区分

積算条件区分は，軟岩・オープンカット・1000 m³ 以上 5000 m³ 未満です。

②歩掛の想定

標準単価に機労材構成比を乗じて算出した構成価格を「標準単価作成時の東京単価」で除したものが「単位当たり歩掛」となります。これに「日当たり施工量」を乗じて「日当たり歩掛」を算出します。諸雑費率は機・労・材のそれぞれの合計値と内訳の差の比率となります。

以上のように，施工パッケージ型積算は手計算で当該地域の積算単価を算出できるほか，材料も含めた歩掛を想定することができます。国土技術政策総合研究所では「機械」と「労務」の単位当たり歩掛を公表していますが，工事全体の施工数量を乗じることで，発注者積算の機械の延べ運転時間（日数）と労務の延べ人員を算出することが可能となりますので，受注者の実行予算との対比も容易にできます。

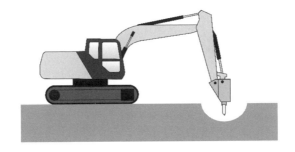

表 3-17　軟岩掘削標準単価表（標準単価表をアレンジし必要箇所のみ表示）

| 条件区分 | | | 標準単価 | 機労材構成比 | | | | | | |
|---|---|---|---|---|---|---|---|---|---|---|
| 土質 | 施工方法 | 施工数量 | | K | | | R | | Z | |
| | | | | | K1 | K2 | | R1 | | Z1 |
| 軟　岩 | オープンカット | 1,000 $m^3$ 以上 5,000 $m^3$ 未満 | ① 983.15 | 55.28 | ② 33.02 | ③ 16.79 | 30.04 | ④ 27.07 | 14.68 | ⑤ 13.23 |

| 代表機労材規格 | | 代表機労材規格 | |
|---|---|---|---|
| K（＊印：賃料） | | R | Z |
| K1 | K2 | R1 | Z1 |
| バックホウ［標準型・超低騒音型・排出ガス（第 3 次基準値）］山積 0.8 $m^3$（平積 0.6 $m^3$） | 大型ブレーカ［油圧式］（ベースマシン含まず）質量 1300 kg 級 | 運転手（特殊） | 軽 油 1．2 号 パトロール給油 |

表 3-18　標準単価表から算出された大型ブレーカ掘削日当たり歩掛（91 $m^3$ 当たり）

| 機労材構成比 | K1 | K2 | R1 | Z1 |
|---|---|---|---|---|
| | ①×②/100 324.64 円 | ①×③/100 165.07 円 | ①×④/100 266.14 円 | ①×⑤/100 130.07 円 |
| 単　価 | 22,000 | 11,200 | 24,200 | 116 |
| (A) 単位当たり歩掛（機労材費/単価） | 0.01474 | 0.01474 | 0.01100 | 1.12129 |
| 1 日当たり歩掛（(A)×91 $m^3$） | 1.34（日） | 1.34（日） | 1.0（人） | 102（L） |
| 諸　雑　費 | ((K－(K1＋K2))/(K1＋K2))×100＝11%（53.64 円） | | ((R－R1)/R1)×100＝11%（29.28 円） | ((Z－Z1)/Z1)×100＝11%（14.31 円） |

## 3-4　間接工事費および一般管理費等の積算

　間接工事費および一般管理費等は「諸経費」とも呼ばれ，国土交通省では毎年度，諸経費動向調査を実施し，必要に応じて改定を行っています。このうち，間接工事費（共通仮設費および現場管理費）については，現場で要した間接工事費用の内訳の実態調査が行われ，一般管理費等については個々の工事から求めることができないため，別に企業の財務諸表に基づく調査が行われています。

### （1）間接工事費

#### ◆共通仮設費

　共通仮設費には，積上げ計算による積上げ計上分と工種区分に従って所定の共通仮設費率による率計上分があり，これらを加算して求めます。積上げ計上と率計上の区分は，表3-19のとおりです。

　共通仮設費の費目の一つである技術管理費には，国土交通省の土木工事共通仕様書に規定される施工管理や品質管理などに必要な費用を率計上で見込んでいます。しかし，特記仕様書に記載される事項は別途に計上すべき費用となります。

表 3-19 共通仮設費の計上区分

| 費目 | 率計上 | 積上げ計上 |
|---|---|---|
| 運搬費 | ・質量 20 t 未満の建設機械の搬入，搬出および現場内小運搬（分解・組立を含む）<br>・器材等（型枠材，支保材，足場材，仮囲い，敷鉄板（敷鉄板設置撤去工で積み上げた分は除く），作業車（PC 橋片持ち架設工），橋梁ベント，橋梁架設桁設備，排砂管，トレミー管，トンネル用スライドセントル等）の搬入，搬出および現場内小運搬<br>・建設機械の自走による運搬<br>・建設機械等（重建設機械を含む）の日々回送（分解・組立，輸送）に要する費用<br>・質量 20 t 以上の建設機械の現場内小運搬<br>・トラッククレーン（油圧伸縮ジブ型 20〜50 t 吊）・ラフテレーンクレーン（油圧伸縮ジブ型 20〜70 t 吊）の分解・組立および輸送に要する費用 | ・質量 20 t 以上の建設機械の貨物自動車等による運搬，運搬される建設機械の運搬中の賃料または損料<br>・仮設材等（鋼矢板，H 形鋼，覆工板，敷鉄板等）の運搬。ただし，敷鉄板については敷鉄板設置・撤去工で積み上げた敷鉄板を対象とする<br>・重建設機械の分解・組立および輸送に要する費用（運搬中の本体賃料・損料および分解・組立時の本体賃料・損料を含む）<br>・自動車航送船使用料に要する費用（運搬中の本体賃料・損料を含む）<br>・建設機械の自走による運搬（トラッククレーン油圧伸縮ジブ型 80 t 以上） |
| 準備費 | ・着手時の準備費用<br>・施工期間中における準備，後片付け費用<br>・完成時の後片付け費用<br>・工事着手前の基準測量等の費用<br>・縦，横断面図の照査等の費用<br>・用地幅杭等の仮移設等の費用<br>・丁張の設置等の費用<br>・準備として行うブルドーザ，レーキドーザ，バックホウ等による雑木や小さな樹木，竹等を除去する伐開に要する費用（樹木をチェーンソー等により切り倒す伐採作業は含まない）<br>・除根，除草，整地，段切り，すりつけ等に要する費用。なお，伐開，除根および除草は，現場内の集積・積込み作業を含む（伐採作業に伴う現場内の集積・積込作業は含まない） | ・伐開，除根，除草等に伴い発生する建設副産物等を工事現場外に搬出する費用，および当該建設副産物等の処理費用等，工事の施工上必要な準備に要する費用 |
| 事業損失防止施設費 | （なし） | ・工事施工に伴って発生する騒音，振動，地盤沈下，地下水の断絶等に起因する事業損失を未然に防止するための仮施設の設置費，撤去費および当該仮施設の維持管理等に要する費用<br>・事業損失を未然に防止するために必要な調査等に要する費用 |

第3章　土木工事の積算

表3-19　共通仮設費の計上区分（つづき）

| 費目 | 率計上 | 積上げ計上 |
|---|---|---|
| 安全費 | ・工事地域内全般の安全管理上の監視，あるいは連絡等に要する費用<br>・不稼働日の保安要員等の費用<br>・標示板，標識，保安灯，防護柵，バリケード，架空線等事故防止対策簡易ゲート，照明等の安全施設類の設置，撤去，補修に要する費用および使用期間中の損料<br>・夜間工事その他，照明が必要な作業を行う場合における照明に要する費用（大規模な照明設備を必要とする広範な工事（ダム・トンネル本体工事，トンネル内舗装等工事）は除く）<br>・河川，海岸工事における救命艇に要する費用<br>・長大トンネルにおける防火安全対策に要する費用（工事用連絡設備含む）<br>・酸素欠乏症の予防に要する費用<br>・粉塵作業の予防に要する費用（ただし「ずい道等建設工事における粉塵対策に関するガイドライン」によるトンネル工事の粉塵発生源に係る措置の各設備，「鉛等有害物を含有する塗料のかき落とし作業における労働者の健康障害防止について」に伴うばく露防止対策は，仮設工に計上する）<br>・安全用品等の費用（墜落制止用器具（フルハーネス型）を含む）<br>・安全委員会等に要する費用<br>・「山岳トンネル工事の切羽における肌落ち災害防止対策に係るガイドライン」における設備的防護対策に要する費用 | ・鉄道，空港関係施設等に近接した工事現場における出入り口等に配置する安全管理員等に要する費用<br>・バリケード，転落防止柵，工事標識，照明等の現場環境改善に要する費用<br>・高圧作業の予防に要する費用<br>・河川および海岸の工事区域に隣接して，航路がある場合の安全標識・警戒船運転に要する費用<br>・ダム工事における岩石掘削時に必要な発破・監視のための費用<br>・トンネル工事における呼吸用保護具（電動ファン付粉塵用呼吸用保護具等）に要する費用<br>・鉛等有害物を含有する塗料のかき落とし作業における呼吸用保護具（電動ファン付粉塵用呼吸用保護具等）に要する費用<br>・「山岳トンネル工事の切羽における肌落ち災害防止対策に係るガイドライン」における切羽変位計測に要する費用（トンネル（NATM）の計測Aに要する費用については除く）<br>・その他，現場条件等により積上げを要する費用 |
| 役務費 | （なし） | ・土地の借上げ等に要する費用<br>・電力，用水等の基本料<br>・電力設備用工事負担金 |
| 技術管理費 | ・品質管理基準に記載されている試験項目（必須・その他）に要する費用<br>・出来形管理のための測量，図面作成，写真管理に要する費用<br>・工程管理のための資料の作成等に要する費用 | ・特殊な品質管理（【土質等試験】：品質管理基準に記載されている項目以外の試験，【地質調査】：平板載荷試験，ボーリング，サウンディング，その他原位置試験）に要する費用 |

表 3-19　共通仮設費の計上区分（つづき）

| 費目 | 率計上 | 積上げ計上 |
|---|---|---|
| 技術管理費（つづき） | ・完成図，マイクロフィルムの作成および電子納品等（道路工事完成図作成要領に基づく電子納品を除く）に要する費用<br>・建設材料の品質記録保存に要する費用<br>・コンクリート中の塩化物総量規制に伴う試験に要する費用<br>・コンクリートの単位水量測定，ひび割れ調査，テストハンマーによる強度推定調査に要する費用<br>・非破壊試験によるコンクリート構造物中の配筋状態およびかぶり測定に要する費用<br>・微破壊・非破壊試験によるコンクリート構造物の強度測定に要する費用<br>・PC上部工，アンカー工等の緊張管理，グラウト配合試験等に要する費用<br>・トンネル工（NATM）の計測Aに要する費用<br>・塗装膜厚施工管理に要する費用<br>・溶接工の品質管理のための試験等に要する費用（現場溶接部の検査費用を含む）<br>・施工管理で使用するOA機器の費用（情報共有システムに係る費用（登録料および利用料）を含む）<br>・品質証明に係る費用（品質証明費）<br>・建設発生土情報交換システムおよび建設副産物情報交換システムの操作に要する費用 | ・軟弱地盤等における計器の設置・撤去および測定・とりまとめに要する費用<br>・試験盛土等の工事に要する費用，トンネル（NATM）の計測Bに要する費用<br>・下水道工事において目視による出来形の確認が困難な場合に用いる特別な機器に要する費用<br>・施工前に既設構造物の配筋状況の確認を目的とした特別な機器（鉄筋探査等）を用いた調査に要する費用<br>・防護柵の出来形管理のための非破壊試験に要する費用<br>・施工合理化調査，施工形態動向調査および諸経費動向調査に要する費用<br>・ICT建設機械に要する保守点検，システム初期費，3次元起工測量・3次元設計データの作成費用<br>・その他，特に技術的判断に必要な資料の作成に要する費用 |
| 営繕費 | ・現場事務所，試験室等の営繕（設置・撤去，維持・修繕）およびこれに係る土地・建物の借上げに要する費用<br>・労働者宿舎の営繕（設置・撤去，維持・修繕）およびこれに係る土地・建物の借上げに要する費用<br>・倉庫および材料保管場の営繕（設置・撤去，維持・修繕）およびこれに係る土地・建物の借上げに要する費用<br>・労働者の輸送に要する費用<br>・コンクリートダム，フィルダム工事における，監督員詰所および火薬庫等の営繕（設置・撤去，維持・補修）に要する費用 | ・監督員詰所および火薬庫の営繕（設置・撤去，維持・補修）に要する費用（コンクリートダム，フィルダム工事を除く）<br>・その他，工事施工上必要な営繕等に要する費用 |

## 第3章 土木工事の積算

### 1） 共通仮設費の算定

積上げにより計上する共通仮設費は，直接工事費と同様に所定の数量（日数等）と単価表により，表3-20の工種区分ごとに算定します。

率により計上する共通仮設費を算定するための所定の率（共通仮設費率，表3-21）は，工種区分・対象額ごとに定められています。そのため率により計上する共通仮設費は，工種区分と対象額から求めた率に当該対象額を乗じて得た額の範囲内としています。なお，対象額が一定の範囲内の場合の率は回帰式で求め，一定の範囲以下の場合もしくは一定の範囲を超える場合の率は定率としています。

共通仮設費（率分）
＝対象額(P)×共通仮設費率(Kr)×施工地域を考慮した補正係数
対象額(P)＝直接工事費＋（支給品費＋無償貸付機械等評価額）
　　　　　＋事業損失防止施設費＋準備費に含まれる処分費
共通仮設費率(Kr)＝$A \times P^b$
※対象額が一定の範囲内の場合
　A，b：変数値

表 3-20　工種区分（抜粋）

| 工種区分 | 工種内容 |
| --- | --- |
| 河川・道路構造物工事 | 河川における構造物工事および道路における構造物工事にあって，次に掲げる工事<br>1. 樋門（管）工，水（閘）門工，サイフォン工，床止（固）工，堰，揚排水機場，ロックシェッド（RC構造），スノーシェッド（RC構造），防音（吸音・遮音）壁工，コンクリート橋，簡易組立橋梁，仮橋・仮桟橋，PC橋（プレキャストセグメントを除く工場製作桁の場合）等の工事およびこれらの下部・基礎のみの工事<br>ただし，河川高潮対策区間における樋門（管）工，水（閘）門工については「海岸工事」とする<br>2. 橋梁下部工（RC構造），床版工（RC構造およびプレキャストPC構造）<br>3. ゴム伸縮継手，落橋防止工（RC構造），コンクリート橋の支承，高欄設置工（コンクリート，石材等），旧橋撤去工（コンクリート橋上下部），トンネル内装工（新設トンネル）<br>4. 1，2および3に類する工事<br>ただし，工種区分の橋梁保全工事に該当するものは除く。また，門扉等の工場製作および揚排水機場の上屋は除く |
| 道路改良工事 | 道路改良工事にあって，次に掲げる工事<br>土工，擁壁工，函（管）渠工，側溝工，山止工，法面工，落石防止柵工，雪崩防止柵工，道路地盤処理工，標識工，防護柵工およびこれらに類する工事 |
| 舗装工事 | 舗装の新設，修繕工事にあって，次に掲げる工事<br>セメントコンクリート舗装工，アスファルト舗装工，セメント安定処理路盤工，アスファルト安定処理路盤工，砕石路盤工，凍上抑制層工，コンクリートブロック舗装工，路上再生処理工，切削オーバーレイ工およびこれらに類する工事<br>ただし，小規模（パッチング等）な工事で施工箇所が点在する工事は除く |

第 3 章　土木工事の積算

表 3-21　共通仮設費率（2022 年度・抜粋）

| 工種区分 \ 適用区分 \ 対象額(P) | 600 万円以下　下記の率とする（％） | 600 万円を超え 10 億円以下　共通仮設費率の算定式より算出された率とする。ただし、変数値は下記による。 | | 10 億円を超えるもの　下記の率とする（％） |
|---|---|---|---|---|
| | | A | b | |
| 河川・道路構造物工事 | 20.77 | 1,228.3 | −0.2614 | 5.45 |
| 道路改良工事 | 12.78 | 57.0 | −0.0958 | 7.83 |
| 舗装工事 | 17.09 | 435.1 | −0.2074 | 5.92 |

（注）共通仮設費率の値は，小数点以下第 3 位を四捨五入し，2 位止めとする。

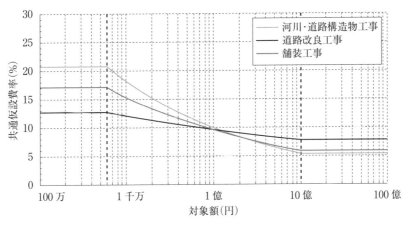

図 3-16　共通仮設費率

### 2) 共通仮設費率の補正

表3-22の適用条件に該当する場合，共通仮設費率を算定する場合に補正係数を乗じます。

### 3) 現場環境改善費の算定

現場の環境改善は，建設業の担い手育成のためにも喫緊の政策的課題です。この課題への対応として平成29年度の土木工事積算基準の改訂により，それまでイメージアップ経費と呼んでいたものを現場環境改善費に改称されました。バリケード，転落防止柵，工事標識，照明などの現場環境改善に要する費用は，以下の方法により行います。ただし，標準的な現場環境改善を行う場合は率（表3-23）計上とし，特別な内容を実施する場合は積み上げた金額を加算します。算定方法は以下のとおりとし，共通仮設費の積上げ項目として計上します。

現場環境改善費(K)
＝現場環境改善費率(i)×対象額(Pi)＋積上げ計上分($\alpha$)

対象額(Pi)
＝直接工事費(処分費等を除く共通仮設費対象分)
　＋支給品費(共通仮設費対象分)＋無償貸付機械等評価額

(注) 対象額(Pi)が5億円を超える場合は5億円とする。

率に計上されるものは，表3-24の内容のうち原則として計上費目（現場環境改善の仮設備関係，営繕関係，安全関係と地域連携）ごとに1内容ずつ（いずれか1費目のみ2内容）の合計5つの内容を基本とした費用です。また，選択にあたっては地域の状況，工事内容により組み合わせ，実施費目数および実施内容を変更することもできます。

第 3 章 土木工事の積算

表 3-22 地域補正の適用（2022 年度）

| 施工地域区分 | 工種区分 | 対象 | 補正係数 | 適用優先 |
|---|---|---|---|---|
| 大都市 (1) | 舗装工事<br>電線共同溝工事<br>道路維持工事 | 東京特別区，横浜市，大阪市の市街地部が施工箇所に含まれる場合 | 2.0 | 1 |
| 大都市 (2) | 鋼橋架設工事<br>舗装工事<br>電線共同溝工事<br>道路維持工事<br>下水道工事(1),(2),(4) | 札幌市，仙台市，さいたま市，川口市，草加市，千葉市，市川市，船橋市，習志野市，浦安市，東京特別区，八王子市，横浜市，川崎市，相模原市，新潟市，静岡市，名古屋市，京都市，大阪市，堺市，神戸市，尼崎市，西宮市，芦屋市，広島市，北九州市，福岡市の市街地部が施工箇所に含まれる場合<br>※東京特別区，横浜市，大阪市の市街地部については，鋼橋架設工事，下水道工事 (1), (2), (4) のみ対象とする | 1.5 | 2 |
| 市街地<br>(DID 補正)<br>(1)-1 | 電線共同溝工事<br>道路維持工事<br>舗装工事<br>橋梁保全工事 | 市街地部が施工箇所に含まれる場合 | 1.4 | 3 |
| 一般交通影響あり<br>(1)-1 | 電線共同溝工事<br>道路維持工事<br>舗装工事<br>橋梁保全工事 | 2 車線以上（片側 1 車線以上）かつ交通量（上下合計）が 5,000 台/日以上の車道において，車線変更を促す規制を行う場合。ただし，常時全面通行止の場合は対象外とする | 1.4 | 3 |
| 一般交通影響あり<br>(2)-1 | 電線共同溝工事<br>道路維持工事<br>舗装工事<br>橋梁保全工事 | 一般交通影響あり (1) 以外の車道において，車線変更を促す規制を伴う場合（常時全面通行止の場合を含む） | 1.4 | 3 |
| 市街地<br>(DID 補正)<br>(1)-2 | 鋼橋架設工事 | 市街地部が施工箇所に含まれる場合 | 1.3 | 4 |
| 一般交通影響あり<br>(1)-2 | 電線共同溝工事，道路維持工事，舗装工事，橋梁保全工事以外の工種（注）1 | 2 車線以上（片側 1 車線以上）かつ交通量（上下合計）が 5,000 台/日以上の車道において，車線変更を促す規制を行う場合。ただし，常時全面通行止の場合は対象外とする | 1.3 | 5 |
| 一般交通影響あり<br>(2)-2 | 電線共同溝工事，道路維持工事，舗装工事，橋梁保全工事以外の工種（注）1 | 一般交通影響あり (1) 以外の車道において，車線変更を促す規制を伴う場合（常時全面通行止の場合を含む） | 1.2 | 6 |
| 市街地<br>(DID 補正)<br>(1)-3 | 鋼橋架設工事，電線共同溝工事，道路維持工事，舗装工事，橋梁保全工事以外の工種（注）1 | 市街地部が施工箇所に含まれる場合 | 1.2 | 7 |
| 山間僻地<br>および離島 | すべての工種（注）1 | 人事院規則における特地勤務手当を支給するために指定した地区，およびこれに準ずる地区の場合 | 1.3 | 8 |

(注) 1. コンクリートダムおよびフィルダム工事は適用しない。
2. 市街地とは，施工地域が人口集中地区（DID 地区）およびこれに準ずる地区をいう。なお，DID 地区とは，総務省統計局国勢調査による地域別人口密度が 4,000 人/km$^2$ 以上でその全体が 5,000 人以上となっている地域をいう。
3. 適用条件の複数に該当する場合は，適用優先順に従い決定するものとする。

表3-23　現場環境改善費率（2022年度）

| 対象額(Pi) | | 現場環境改善費率(i)（％） | |
|---|---|---|---|
| | | 大都市(1),(2) 市街地 | 左記以外 |
| 直接工事費<br>（処分費等を除く）<br>＋<br>支給品費<br>＋<br>無償貸付機械等<br>評価額 | 5億円以下の場合 | $i = 56.6 \times Pi^{-0.174}$ | $i = 39.9 \times Pi^{-0.201}$ |
| | 5億円を超える場合 | 1.73 | 0.71 |

（注）現場環境改善費率の値は，小数点以下第3位を四捨五入し，2位止めとする。

表3-24　現場環境改善費率の内容

| 計上費目 | 実施する内容（率計上分） |
|---|---|
| 現場環境改善<br>（仮設備関係） | 1. 用水・電力等の供給設備<br>2. 緑化・花壇<br>3. ライトアップ施設<br>4. 見学路および椅子の設置<br>5. 昇降設備の充実<br>6. 環境負荷の低減 |
| 現場環境改善<br>（営繕関係） | 1. 現場事務所の快適化（女性用更衣室の設置を含む）<br>2. 労働宿舎の快適化<br>3. デザインボックス（交通誘導警備員待機室）<br>4. 現場休憩所の快適化<br>5. 健康関連設備および厚生施設の充実等 |
| 現場環境改善<br>（安全関係） | 1. 工事標識・照明等安全施設のイメージアップ（電光式標識等）<br>2. 盗難防止対策（警報器等）<br>3. 避暑（熱中症予防）・防寒対策 |
| 地域連携 | 1. 完成予想図<br>2. 工法説明図<br>3. 工事工程表<br>4. デザイン工事看板（各工事PR看板含む）<br>5. 見学会等の開催（イベント等の実施含む）<br>6. 見学所（インフォメーションセンター）の設置および管理運営<br>7. パンフレット・工法説明ビデオ<br>8. 地域対策費（地域行事等の経費を含む）<br>9. 社会貢献 |

積上げ計上分（α）として加算するものは，費用が巨額となるため現場環境改善費率分のみで行うことが適当でないと判断される場合とします。

◆ **現場管理費**

### 1) 現場管理費の算定

現場管理費を算定するための所定の率（現場管理費率，表3-25）は，工種別，対象額ごとに定められています。そのため現場管理費は，工種区分と対象額より現場管理費率を求め，その率に当該対象額を乗じて得た額の範囲内としています。対象額が一定の範囲内の場合の率については回帰式で求め，一定の範囲以下の場合もしくは一定の範囲を超える場合は，定率としています。

現場管理費
＝対象純工事費(Np)×｛(現場管理費率(Jo)×施工地域を考慮した補正係数)＋施工時期および工事期間等を考慮した補正値｝

対象純工事費(Np)
＝純工事費＋支給品費＋無償貸付機械等評価額

現場管理費率(Jo) ＝ $A \times Np^b$

※対象額が一定の範囲内の場合

　A，b：変数値

純工事費＝直接工事費＋共通仮設費

表3-25 現場管理費率（2022年度・抜粋）

| 工種区分 \ 適用区分 \ 対象額(Np) | 700万円以下 下記の率とする(%) | 700万円を超え10億円以下 現場管理費率の算定式より算出された率とする。ただし、変数値は下記による。 | | 10億円を超えるもの 下記の率とする(%) |
|---|---|---|---|---|
| | | A | b | |
| 河川・道路構造物工事 | 42.54 | 458.2 | −0.1508 | 20.13 |
| 道路改良工事 | 33.69 | 87.0 | −0.0602 | 24.99 |
| 舗装工事 | 40.38 | 668.7 | −0.1781 | 16.69 |

（注）現場管理費率の値は，小数点以下第3位を四捨五入し，2位止めとする。

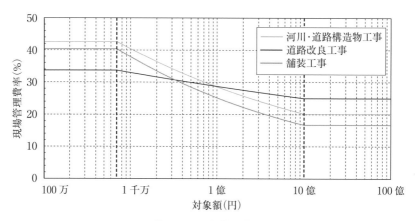

図3-17 現場管理費率

## 2) 現場管理費率の補正

現場管理費率の補正については，「①施工時期，工事期間等を考慮した現場管理費率の補正」および「②施工地域を考慮した現場管理費率の補正」により補正を行います。

① 施工時期，工事期間等を考慮した現場管理費率の補正

施工時期，工事期間等を考慮して，現場管理費率標準値を2%の範囲内で適切に加算することができます。ただし，重複する場合は最高2%とします。

ⅰ）積雪寒冷地域で施工時期が冬期となる場合

積雪寒冷地域の範囲は，人事院規則に規定される寒冷地手当を支給する地域とされています。ただし，コンクリートダム，フィルダムの現場管理費率を用いる工事には適用しません。

積雪寒冷地の施工期間は表3-26のとおりとされています。工場製作工事および冬期条件下で施工することが前提となっている除排雪工

表3-26　積雪寒冷地の施工期間と適用地域

| 施工時期 | 適用地域 | 摘要 |
| --- | --- | --- |
| 11月1日～3月31日 | 北海道，青森県，秋田県 | 積雪地特性を11月中の降雪が5日以上あることとする |
| 12月1日～3月31日 | 上記以外の地域 | |

表3-27　積雪寒冷地域の補正係数（2022年度）

| 積雪寒冷地域の区分 | 補正係数 |
| --- | --- |
| 1級地 | 1.80 |
| 2級地 | 1.60 |
| 3級地 | 1.40 |
| 4級地 | 1.20 |

（注）1．冬期率は小数点以下第3位を四捨五入して，2位止めとする。
　　　2．補正値は小数点以下第3位を四捨五入して，2位止めとする。
　　　3．施工地域が2つ以上となる場合には，補正係数の大きい方を適用する。

事などには適用しません。

現場管理費率の補正は以下の式によります。

　補正値(%)＝冬期率×補正係数

　冬期率＝12月1日〜3月31日（11月1日〜3月31日）までの工事期間÷工期

補正係数は，表3-27より積雪寒冷地域区分に応じて適用します。

工期については実際に施工するために要する期間で，準備期間と後片付け期間を含めた期間とします。また，冬期工事期間に準備または後片付けがかかる場合は，準備期間と後片付け期間を含めた期間とします。

ⅱ）緊急工事の場合

緊急工事は補正値2％を加算します。緊急工事とは，昼夜間にわたる連続作業が前提となる工事で，直轄河川災害復旧事業等事務取扱要綱第9条に示される緊急復旧事業および直轄道路災害復旧事務取扱要綱第10条に示される緊急復旧事業ならびにこれと同等の緊急を要する事業とされています。

② 施工地域を考慮した現場管理費率の補正

施工地域を考慮した現場管理費率の補正は，表3-25の現場管理費率より算出した標準的な値に，表3-28の施工地域区分および工種区分の場合に応じた補正係数を乗じます。

# 第 3 章 土木工事の積算

表 3-28 地域補正の適用（2022 年度）

| 施工地域区分 | 工種区分 | 適用条件 対象 | 補正係数 | 適用優先 |
|---|---|---|---|---|
| 大都市 (1) | 舗装工事<br>電線共同溝工事<br>道路維持工事 | 東京特別区，横浜市，大阪市の市街地部が施工箇所に含まれる場合 | 1.2 | 1 |
| 大都市 (2) | 鋼橋架設工事<br>舗装工事<br>電線共同溝工事<br>道路維持工事<br>下水道工事(1),(2),(4) | 札幌市，仙台市，さいたま市，川口市，草加市，千葉市，市川市，習志野市，船橋市，浦安市，東京特別区，八王子市，横浜市，川崎市，相模原市，新潟市，静岡市，名古屋市，京都市，大阪市，堺市，神戸市，尼崎市，西宮市，芦屋市，広島市，北九州市，福岡市の市街地部が施工箇所に含まれる場合<br>※東京特別区，横浜市，大阪市の市街地部については，鋼橋架設工事，下水道工事 (1)，(2)，(4) を対象とする | 1.2 | 2 |
| 市街地<br>(DID 補正)<br>(1)-1 | 電線共同溝工事<br>道路維持工事<br>舗装工事<br>橋梁保全工事 | 市街地部が施工箇所に含まれる場合 | 1.2 | 3 |
| 一般交通影響あり<br>(1)-1 | 電線共同溝工事<br>道路維持工事<br>舗装工事<br>橋梁保全工事 | 2 車線以上（片側 1 車線以上）かつ交通量（上下合計）が 5,000 台/日以上の車道において，車線変更を促す規制を行う場合。ただし，常時全面通行止の場合は対象外とする | 1.2 | 3 |
| 一般交通影響あり<br>(2)-1 | 電線共同溝工事<br>道路維持工事<br>舗装工事<br>橋梁保全工事 | 一般交通影響あり (1) 以外の車道において，車線変更を促す規制を伴う場合（常時全面通行止の場合を含む） | | |
| 市街地<br>(DID 補正)<br>(1)-2 | 鋼橋架設工事 | 市街地部が施工箇所に含まれる場合 | 1.1 | 4 |
| 一般交通影響あり<br>(1)-2 | 電線共同溝工事，道路維持工事，舗装工事，橋梁保全工事以外の工種（注）1 | 2 車線以上（片側 1 車線以上）かつ交通量（上下合計）が 5,000 台/日以上の車道において，車線変更を促す規制を行う場合。ただし，常時全面通行止の場合は対象外とする | 1.1 | 5 |
| 一般交通影響あり<br>(2)-2 | 電線共同溝工事，道路維持工事，舗装工事，橋梁保全工事以外の工種（注）1 | 一般交通影響あり (1) 以外の車道において，車線変更を促す規制を伴う場合（常時全面通行止の場合を含む） | 1.1 | 6 |
| 市街地<br>(DID 補正)<br>(1)-3 | 鋼橋架設工事，電線共同溝工事，道路維持工事，舗装工事，橋梁保全工事以外の工種（注）1 | 市街地部が施工箇所に含まれる場合 | 1.1 | 7 |
| 山間僻地および離島 | すべての工種（注）1 | 人事院規則における特地勤務手当を支給するために指定した地区，およびこれに準ずる地区の場合 | 1.0 | 8 |

(注) 1. コンクリートダムおよびフィルダム工事は適用しない。
2. 市街地とは，施工地域が人口集中地区（DID 地区）およびこれに準ずる地区をいう。
なお，DID 地区とは，総務省統計局国勢調査による地域別人口密度が 4,000 人/km² 以上でその全体が 5,000 人以上となっている地域をいう。
3. 適用条件の複数に該当する場合は，適用優先によるが，共通仮設費で決定した施工地域区分と同じものを適用する。

## （2）一般管理費等

　一般管理費等は工事原価から求める一般管理費等率を，前払金支出割合や契約保証形態により，適正に補正した値を工事原価に乗じて算出します。

　　　一般管理費等＝工事原価(Cp)×一般管理費等率(Gp)

### ◆一般管理費等率（補正前）

　一般管理費等を算定するための所定の率（一般管理費等率，表3-29）は，工事ごとの区分によることなく工事原価そのものの額に対する率で定められています。そのため一般管理費等は，工事原価より一般管理費等率を定め，その率に工事原価を乗じて得た額の範囲内としています。対象額が500万円を超え30億円以下の場合の率については回帰式で求め，500万円以下の場合もしくは30億円を超える場合は定率となっています。

## 第3章 土木工事の積算

表3-29 一般管理費等率（2022年度）

| 工事原価 | 500万円以下 | 500万円を超え30億円以下 | 30億円を超えるもの |
|---|---|---|---|
| 一般管理費等率 | 23.57% | 一般管理費等率算定式により算出された率 | 9.74% |

（注）一般管理費等率の値は，小数点以下第3位を四捨五入し，2位止めとする。

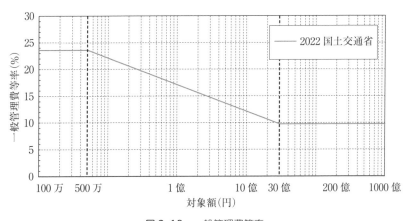

図3-18 一般管理費等率

一般管理費等率（Gp）算定式 $= -4.97802 \times \log(Cp) + 56.92101$（%）

前払金支出割合が35%以下の場合および契約保証に係る補正を行う場合は，次式によって算定します。

　一般管理費等 = 工事原価（Cp）× {（一般管理費等率（Gp）
　　　　　　　　× 前払金補正係数）+ 契約保証に係る補正値}

　工事原価（Cp）= 純工事費 + 現場管理費

　純工事費 = 直接工事費 + 共通仮設費

◆**前払金支出割合と契約保証に係る補正**

　前払金支出割合が35％以下の場合は，表3-30の補正係数を一般管理費等率に乗じます。契約保証に係る補正を行う場合は，前払金支出割合の相違による補正まで行った値に表3-31の補正値を加算します。

表3-30　一般管理費等率の補正（2022年度）

| 前払金支出割合区分 | 0％から5％以下 | 5％を超え15％以下 | 15％を超え25％以下 | 25％を超え35％以下 |
|---|---|---|---|---|
| 補正係数 | 1.05 | 1.04 | 1.03 | 1.01 |

（注）一般管理費等率の値は，小数点以下第3位を四捨五入し，2位止めとする。

表3-31　契約保証に係る一般管理費等率の補正（2022年度）

| 保証の方法 | 補正値（％） |
|---|---|
| ケース1：発注者が金銭的保証を必要とする場合（工事請負契約書第4条を採用する場合） | 0.04 |
| ケース2：発注者が役務的保証を必要とする場合 | 0.09 |
| ケース3：ケース1および2以外の場合 | 補正しない |

［メモ8］**被災地における積算**

　東北地方太平洋沖地震で被災した岩手県，宮城県，福島県と熊本地震で被災した熊本県の公共工事では，復旧・復興を推進するため「復興歩掛」や「復興係数」が導入されてきました。

■東北地方太平洋沖地震

1. 復興歩掛

　土工ではダンプトラック不足などにより作業日当たり標準作業量が20％低下し，コンクリート工ではセメント供給不足などに

より作業日当たり標準作業量が10%低下していることから，当該2工種について復興歩掛を導入しています。

なお，施工パッケージ型積算方式でも復興歩掛に対応した標準単価が設定されています。

2. 損料補正

がれき処理などで扱う作業対象物によって機械の損耗が激しいこと，悪路での施工や足場の悪い場所での施工が増大していること，コンクリートガラなど機械の消耗を早めるような作業対象物が増大していることなどによって機械の修理費に変化がみられることからブルドーザ，バックホウ，ダンプトラックの3機種について，運転1時間当たり損料が5%割増しされています。

3. 復興係数

上記のような作業効率の低下に伴い間接費の支出が増大していることから，共通仮設費は標準値に対して1.5倍，現場管理費は標準値に対して1.2倍とされています。

4. 設計労務単価

震災の影響などによる労務単価の変動を反映させるため，2012年6月には統計調査の結果を設計労務単価に反映させる特例措置が講じられました。2013年3月からは労務費上昇に伴う入札不調の増加に対応した設計労務単価を採用しています。


■熊本地震

1. 復興歩掛

土工ではダンプトラック不足などにより作業日当たり標準作業

量が20%低下していることから，土工について復興歩掛を導入しています。また，東北地方太平洋沖地震と同様，復興歩掛に対応した標準単価が設定されています。

2. 復興係数

上記の作業効率の低下に伴い間接費の支出が増大していることから，熊本県で施工される土木工事において，標準値に対して共通仮設費を1.1倍，現場管理費を1.1倍と設定しています。また，熊本県のうち阿蘇地域および上益城地域の発注工事では共通仮設費は標準値の1.4倍，現場管理費は標準値の1.1倍とされています。

**参考文献**

- 改訂3版施工パッケージ型積算実務マニュアル，経済調査会，2016
- 木下誠也編著：公共工事における契約変更の実際，経済調査会，2014
- 國島正彦・福田昌史編著，永田健・野田徹・山田邦博・山本聡著：公共工事積算学，山海堂，1994
- 経済調査会積算研究会編：改訂建設機械経費の積算，経済調査会，2006
- 経済調査会積算研究会編：令和4年度工事歩掛要覧土木編上，経済調査会，2022
- 土木学会建設マネジメント委員会公共工事発注者のあり方研究小委員会研究報告書，2016
- 芳賀昭彦編著：改訂12版公共工事と会計検査，経済調査会，2017
- 福田収：公共土木工事積算体系のあらまし，経済調査会，1994
- 藤田修照：改訂9版土木工事の積算，経済調査会，1998

> レポート

# 社会インフラの重要性と維持管理に関する積算の課題

　わが国はこれまで河川改修，高規格幹線道路，鉄道網，空港・港湾など，社会インフラのいわゆるキャッチアップの時代が続きました。整備に追われて維持管理や補修をないがしろにしていたわけではありませんが，まずは圧倒的に欧米先進諸国の後塵を拝していた社会インフラの整備に重点が置かれたことは否めない事実です。ここでは社会インフラの維持管理を取り巻く課題と維持管理に関する積算のあり方について述べます。

## 1　インフラ先進国米国における維持管理の歴史

　1981年6月，ニューヨークのイーストリバーに架かるブルックリン橋のケーブルが破断して，橋を通行していた日本人カメラマンに直撃し死亡するという事故が発生しました。1980年代の米国では，インフラの老朽化とそれを保全する財源の手当てができないことから社会インフラの老朽化問題が深刻化し，経済や生活のさまざまな面に影響を及ぼすなど大きなセンセーションを巻き起こしました。スクールバスが橋梁の重量制限のため迂回路の通行を余儀なくされ，また橋の手前でスクールバスを降りて橋を歩いて渡るといった学童の様子が記録されています。多数の橋梁により周辺地域とつながるマンハッタン

「世界の8番目の七不思議」といわれたブルックリン橋

島では複数の橋梁で損傷事故が起こり，多くの箇所で大規模な補修が行われました。

　このような状況の中，1981年にはPat ChoateとSusan Walterが『America in Ruins』[1]（Ruins：廃墟）を出版し，劣化するインフラの状況について警鐘を鳴らしました。この本は当時建設省の若手官僚であった佐藤浩，石井啓一らにより日本語に翻訳され，『荒廃するアメリカ』[2]として日本でも出版されました。荒廃するアメリカはインフラの老朽化に直面する1980年代の米国を象徴する言葉ともなり，後の米国の長期的，戦略的なインフラ機能の維持についての取組みにつながることとなりました。

### ― その後のインフラ政策 ―

　「荒廃するアメリカ」の現実を踏まえた米国のインフラの劣化

に対する一連の政策的対応として，レーガン政権では1983年に陸上交通支援法（STAA）を制定し，連邦政府が積極的に関与し増税による財源確保が行われました。その結果多くのインフラの管理水準が向上したのです。

　1993年に発足したクリントン政権では，競争力強化の方策として，TEA-21とそれに続くSAFETEA-LU（TEA-21の投資規模を31%増加した米国史上最大規模の道路予算法）などの政策により財源などを確保しインフラ整備の公共事業への投資拡大を図り，それを呼び水にした民間投資の奨励，労働力の質の向上，技術開発力の強化などを推進していきました。

　オバマ政権においても，グローバル経済において企業集積と雇用創出を促進するために，質の高いインフラが必要であるとの問題意識が強く表明されています。2013年の一般教書演説の中では，①「Fix-it-first」プログラムにより，補修・修繕の遅れたインフラのメンテナンスに対する400億ドルの支出を含む500億ドルをインフラへの投資に充てること，②「インフラバンク」の設立などにより，官民が連携したインフラ事業に対する貸付けや債務保証を行うこと，③インフラ事業の許可に関する事務手続きを効率化することなどが提案されています。

　トランプ大統領は，2018年の一般教書演説でインフラ投資の拡大を呼びかけ，官民合わせて1兆5000億ドル以上に上る関連法案を提唱しています。

## 2 わが国のインフラメンテナンスへの取組み
■社会インフラメンテナンスの重要性

　わが国では欧米先進諸国に「追いつき追い越せ」というキャッチフレーズの下，高度経済成長期に急速に整備されたインフラの老朽化が著しく進んでおり，わが国は 30 年前の米国を追いかけています。そういった中，2013 年 3 月には国土交通大臣により「メンテナンス元年」宣言がされ，社会インフラの老朽化対策に関し，大きな進展がみられました。

　同年 11 月，政府によってインフラ長寿命化基本計画が策定され，その流れを受けて 2014 年 5 月に国土交通省では「国土交通省インフラ長寿命化計画（行動計画）」を決定，基本計画に基づく具体的な取組みを確定し，メンテナンスサイクルの構築に向けた指針が示されました。今後，社会インフラの整備時期のピークを乗り越えていくためにも点検や修繕を効率的に行い，長寿命化させながら予算の平準化を図り，将来を見据えた維持管理・更新の取組みを推進することが必要となりました。

　表 A は，国土交通省が建設後 50 年以上経過する社会インフラの割合を発表したものです。施設の老朽化の状況は建設年度で一律に決まるのではなく，立地環境や維持管理の状況などによって異なりますが，ここでは便宜的に建設後 50 年で整理されています。高度経済成長期以降に整備された道路橋，トンネル，河川管理施設，下水道管渠，港湾岸壁などについて，今後 20 年で建設後 50 年以上経過する施

設の割合が急激に高くなっていることが窺えます。

記憶に新しい 2012 年の中央自動車道・笹子トンネルの天井板の落下という痛ましい事故を二度と起こさないためにも，社会インフラ整備と維持管理に必要な予算の安定的確保が重要となります。

表A　建設後 50 年以上経過する社会インフラの割合

| 社会インフラの種類 | 2013年3月 | 2023年3月 | 2033年3月 |
|---|---|---|---|
| 道路橋<br>［約 40 万橋（橋長 2 m 以上の橋約 70 万のうち）］ | 約 18% | 約 43% | 約 67% |
| トンネル［約 1 万本］ | 約 20% | 約 34% | 約 50% |
| 河川管理施設（水門等）［約 1 万施設］ | 約 25% | 約 43% | 約 64% |
| 下水道管渠［総延長：約 45 万 km］ | 約 2% | 約 9% | 約 24% |
| 港湾岸壁［約 5 千施設（水深 4.5 m 以深）］ | 約 8% | 約 32% | 約 58% |

（国土交通白書 2017 をもとに作成）

■**維持管理に関する積算上の課題**

メンテナンス工事といわれる維持工事や修繕工事は，新設工事と比較し小規模な単位で工事が発注され，しかも規模の割に工期が長いのが特徴です。国土交通省の発注工事の場合 1 件当たり 0.93 億円で平均工期は 1 年を超える場合が多くなっています。

新設の一般土木工事をみると，国土交通省の場合 1 件当たり 2.2 億円であり，これと比較すると維持工事や修繕工事の効率がよくないことがわかります。そのほかにも，①施工場所が点在している，②用いられている歩掛が実態と乖離している，③調査・調整不足などにより

頻繁に設計変更や一時中止が発生している，④工事内容の割に技術者が長期間拘束されるといった課題も多く，受注した企業の6割が予定していた利益を確保できていないとなっています。

維持工事や修繕工事は，施設を運用しながら補修と補強を行うため難度が高く，かつ時間的制約を伴います。そのため高度な技術力が要求されますが，新設工事と比べた場合，スケールディスカウントの働かない工種がほとんどです。維持工事や修繕工事をビジネスとして成立させ，維持管理水準の向上を図り，社会インフラの機能強化によって経済競争力の向上と安全・安心を担保するためには，適正な積算を行うことが重要です。

[辺野喜橋の落橋]

　2009年7月15日沖縄県国頭村の辺野喜橋が老朽化により落橋しました。無塗装の耐候性鋼板を用いた橋が全国各地に架設されましたが，本来は避けなければならない潮風にさらされる沿岸部

塩害による鋼材の腐食により落橋した辺野喜橋

第3章 土木工事の積算

でも採用されたため不幸な顛末となりました。

[辺南橋の塩害]

国道58号辺南橋では，竣工後3年程度で塩害が確認されたため断面補修やコンクリート表面に塗装を施す補修を行いました。しかしその後，塩害により再劣化したコンクリートが剥落し，PC鋼材を保護している鋼製シースが大気中に暴露されることとなりました。

塩害によりコンクリートが剥落した辺南橋
（ネット養生で第三者被害に対応）

[劣化が放置された状態の横断歩道橋]

この横断歩道橋をみて，愕然としたことを覚えています。幹線道路上にひとたび錆びた部材が落下したらどのような悲劇が起こるのでしょうか。また，朽ちて落ちそうな欄干に接触し，その隙間から子供が転落したらどのような不幸が起きるのでしょうか。

横断歩道橋などの部材の落下は大きな事故に発展するので，小まめな点検と補修が重要となります。

補修しないで放置された
横断歩道橋の高欄

日本の将来を担う学童と安全な通学路の確保

## ■メンテナンス工事の積算

### （1）橋梁の耐震対策

実際の例をみてみましょう。写真は橋脚に設置する落橋防止構造の金具を設置するためのボルト削孔の状況です。十分な探査を行い，鉄筋を避けて孔明を試みていると思われますが，施工中に背後の鉄筋と干渉し，何回もやり直していることが窺えます。

このように何度も削孔を繰り返すことによって，最適な形状を見つけ出し，設計をやり直すことでようやく金物が製作されることとなります。最近では鉄筋を感知した場合に自動で削孔を停止する機械も開発されました。繰り返し行われる作業を正当に評価した積算を行うこ

第3章　土木工事の積算

とが構造物の安全性を担保する上でも極めて重要であり，整然と孔が並んだものは適正な形状を見出すための設計，積算が行われていないだけでなく，鉄筋を切断している可能性もあります。

　ボルト削孔だけでなく鉄筋コンクリート構造物の浮きや剥離の補修においても，補修部分の規模にかかわらず，足場設置，コンクリートのはつり，補強シートの貼付け，表面仕上げといった非常に手間のかかる作業が必要とされます。設計図書の照査から資材の調達，施工に至るまで，実際の工事においては極めて入念な施工管理が求められます。これらの工事においては，標準歩掛が設定されている場合でも，実態との乖離があることを踏まえ，現場の状況に応じて見積りをとるなど適正な積算を行う必要があります。

落橋防止構造のボルト削孔状況

「補強工事が構造物を改悪する」という事態を招かないよう標準歩掛を用いる場合においても，適切な条件明示を行い，施工の実態に即した契約変更を行うことが適正な積算であり，そのことが構造物の安全と品質を確保する上で重要です。

### (2) 道路舗装修繕工事の場合

道路の舗装修繕を行うにあたっては，交通管理を行う警察との協議が発生します。特に複数車線が交差する舗装維持修繕工事を切削オーバーレイによって施工する場合，特に都市部においては道路を通行止めにすることはできないため，夜間作業による分割施工となります。

例えば4車線同士の交差点で施工すると，4車線×4車線で合計16分割での施工を余儀なくされることもあります。分割した場合，全施工部分を同時に行うのとは異なり，日当たり施工量が標準歩掛の何分の1となって効率が下がるばかりでなく，路面切削機，アスファルトフィニッシャー，ロードローラーなど施工機械の基地と現場の間を往復する回送も増加することとなり，受注者の採算性を著しく低下させることとなります。このような分割での施工においても，施工の実態を反映した積算が行われていないのが実情ですが，受注者の裁量で施工方法を決めることができず，発注者と交通を管理する警察の協議に基づくものであるため，適正な積算を行うことが必須条件となります。

## ■維持補修のグレードアップ化と適正な積算に向けた展望

　以上のような一部の例をみてみても，今後発生する膨大な維持補修の規模と補修後の構造物の機能アップを勘案した場合，品質確保の担い手と新たな施工技術の開発が必要となります。そのためには，メンテナンス市場がビジネスとして十分成り立つよう工事の採算ベースに見合う積算が重要となります。

### 【幹線道路の交差点部における舗装修繕工事の契約変更事例】

[設計での仕様・施工条件等]
①当初設計及び変更の要因等
　当該工事は，変則車線を有する多車線道路相互の交差部において，舗装修繕工事を行うもので，発注者は当初，片側2車線を規制する施工計画を立案し，8分割施工で条件明示を行いました。その後，受注者が発注者の提示した条件をもとに，詳細な施工計画を立案して所轄警察署と協議を行った結果，図示の分割施工を工事許可条件として付与されました。

[受注後の対応等のポイント]
①受注者による施工計画書をもとに発注者と協議
　受注者は，警察署の許可条件（規制開始22時〜交通開放5時）をもとに，施工実働時間から22分割案とし，必要な交通誘導警備員を配置する形で施工計画を見直し，契約変更協議を行いました。その結果，深夜施工の労務費割増しは50%，著しく時間的制約を受ける場合の割増しについても適用し，協議が成立しました。なお，その後の施工協議により，37分割施工で最終変更がなされました。
②間接工事費に関する協議
　類似の工事は不調・不落が続き，重要なイベントを控えた発注者

は，間接工事費の実績変更を条件明示していました。間接工事費は，大都市割増しを適用していましたが，重機・機械類の日々回送に伴う費用や，従事する技術者数，近隣対応，営繕費等の実績から，不足分を補填する旨の契約変更が成立しました。

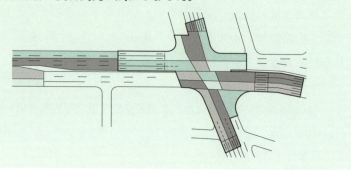

**出典**

[1] Pat Choate, Susan Walter：America in Ruins—The Decaying Infrastructure, 1981
[2] 社会資本研究会翻訳：荒廃するアメリカ，開発問題研究所，1982

**参考文献**

・国土交通省：国土交通白書2017　平成28年度年次報告，日経印刷，2017
・土木学会建設マネジメント委員会　維持管理に関する入札・契約制度小委員会：インフラの維持管理の現状と課題　今後の発注者のあり方に関する基本問題検討部会資料　平成29年11月中間とりまとめ方針（案），2017

■■ Column 3 ■■
### 工事コスト削減という呪縛

　橋脚の耐震補強工事の仮締切り構造において，コスト削減に腐心した設計を地盤の性状を十分検討せずにそのまま施工した結果，重大な事故を"惹き起こした"事例を紹介します。

　当該現場は中小の 7 つの河川に架かる橋梁の耐震補強工事を分割して発注したものです。耐震補強を行う下部構造の掘削を行うため，短く切断した鋼矢板を橋梁の桁下で繋ぎ足しながら仮締切り工を設置したのですが，そのうち粘性土地盤ではヒービングが発生，砂地盤においてはボイリングが発生し仮締切りが倒壊しました。

　予算上の制約もあり，発注者には可能な範囲で工事コストを削減したいという意図がありました。設計者は粘性土地盤のヒービングや砂質系地盤のボイリングは想定していなかったため，必要な地盤改良などの対策を検討していなかったことや，またコストを少しでも削減しようという発注者の意図を汲み取り，鋼矢板を繋ぎ足し・継ぎ足し，打ち込むという手間の掛かる工法を避けたため，安定計算を行い鋼矢板の根入れをマニュアルに規定される最小長さで設計したのです。

　そしてこのまま積算され任意仮設で工事が発注されたのですが，工事を受注した施工者も監督職員も「最小設計根入れ長を満足している」という認識の下，やはり地盤の特性を精査せず，設計図どおりに施工しました。その結果，砂地盤に至っては「固いのでウォータージェットを併用し鋼矢板を打ち込んだ」（証言）ことから，まさに絵に描いたような状態でボイリングが発生し，軟弱な粘性土地盤では鋼矢板背面の軟弱地盤が回り込む形でヒービングが発生しました。

　これは瀬回しを行った河川（水の供給源）が天井にある上に，ウォータージェットで水みちを拡大してしまいボイリングに至ったわけですが，このような施工方法を採用する場合，仮締切り内への浸透流の流入を防ぐよう鋼矢板の根入れを長くするか，もしくは地盤改良を実施する必要があります。また軟弱粘性土地盤においては，掘削に

より仮締切り内側の土の重量が低減することによって仮締切り外側の土圧に押されて発生するヒービング対策が必要であり，背面や底面地盤の改良，鋼矢板の剛性の向上や必要根入れ長を確保するなどの検討を行うことが重要です。

　幸いにも作業休止中の深夜に事故が発生したため，掘削用の小型バックホウが水没しましたが，人身事故という大参事を免れたことが大きな救いでした。現場状況を把握せず，コスト削減だけで施工方法を選定した場合，大規模な事故を誘発することとなり，多額の費用もかかります。ボーリングやサンプリングにより得られた設計時の地盤の力学特性は施工方法により大きく乖離します。そのことに十分留意しつつ安全を最優先として，とりわけ不安定要因の多い仮設工事のコスト削減という呪縛にとらわれないことが重要です。

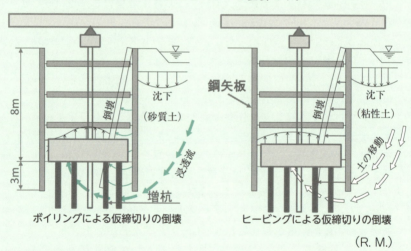

（R. M.）

### 参考文献
鈴木正司：建設技術者のための現場必携手帳，経済調査会，2017
道路土工-仮設構造物工指針，日本道路協会，1999

第3章　土木工事の積算

■■ Column 4 ■■

### 物事を俯瞰的に捉える力をつける

　高速道路に携わる技術者として30数年を過ごしてきました。これまで数多くの現場を経験しましたが，工事が終わるときにはいつも喜びを感じることができました。その中には苦労も失敗も多くありましたが，しかし今となれば，そういう現場こそ思い出深く，その経験が私を育ててくれたと思っています。ここでは，私の経験した失敗を紹介しながら，最近感じていることをお話ししましょう。

■トンネル内舗装補修工事での出来事

　30年ほど前。若かりし頃のことです。トンネル内のコンクリート舗装版を撤去し，アスファルト混合物に置き換える工事でした。開通して20年ほど過ぎていた当時，交通量の増加や車両の大型化，さらには湧水の影響を受けやすい施工方法（矢板を用いた在来工法）であったこともあり，路盤が損傷してコンクリート版の角欠けや目地部の段差が発生していたのです。

　コンクリート（舗装）版の厚さは25センチ。コンクリート版は車

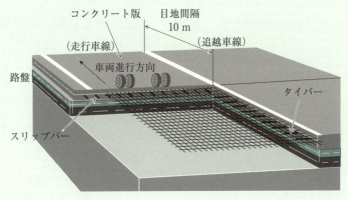

コンクリート舗装の構造

141

線幅（3.5m）で長さは10mで構成されており，隣接しているコンクリート版とは，スリップバーとタイバーで繋がっていました。コンクリート版の重量は1枚当たり22トンほどになります。若い私は，現場を任された嬉しさに万全な態勢で臨みます。

工事計画の段階では，
- 施工機械や搬出車両，作業体制および交通規制など工事の基本となる計画
- 路盤の評価手法と評価後の対処方針
- アスファルト混合物の初期わだちの低減
- 小規模施工となる場合の平坦性（走行性）の確保
- 日々の施工量に見合った交通規制計画
- 舗装種別が変わることによるトンネル内照度のあり方

などを検討しました。この設計検討を踏まえて，いよいよ施工計画に入ります。
- 一般車と施工現場の離隔や具体的な交通規制の方法
- コンクリート版を分割して搬出する具体的方法
- 施工機械と労務編成，タイムスケジュールの精査
- アスファルト混合物の配合設計
- アスファルト混合物の温度低下とわだち発生量の予測

私は「これで大丈夫だ」と確信し，上司の了解を得ました。そして工事の関係者に説明し，いよいよ施工に入ります。

工事の手順や車両の進入方法など作業する者への施工要領の説明も行い，計画どおりに工事は始まりました。初日の施工は，トンネル坑口部の20m。2枚のコンクリート版を除去しアスファルト混合物に置き換えます。全体計画では，1日に3枚，30mずつ施工することとしましたが，施工計画の精査も含め初日は余裕を持たせるために施工量を減らして行いました。

手順どおり，まずは，トンネル内の照度を最大にして一般車と作業員の安全に気を配ります。さらに，トンネル内の換気にも気を使い

第3章 土木工事の積算

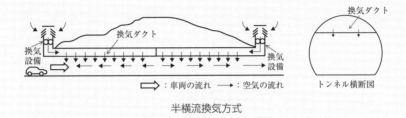

半横流換気方式

す。このトンネルの換気は天井板を有する半横流方式。給気（換気）量を最大にして視界不良の抑制と排気ガスによる作業員の健康被害にも配慮しました。

　コンクリート版にカッターを入れて分割し，分割版を撤去，路盤状況の確認も行い，あらかじめ定めた方法で路盤の改良も実施しました。しかし，全てが順調に進み，工事が終盤にかかり胸をなでおろしていた頃に落とし穴が待っていたのです。

　アスファルト混合物を取り卸す際，ダンプトラックの荷台が1mほどしか上げられないのです。そうです，トンネル換気の天井板の高さは4.5m強。1m程度上げただけではアスファルト混合物はダンプトラックの荷台から降りてこないのです。なんと，お粗末なことか…。

　初めてのコンクリート舗装版の除去を詳細に検討し設計にも反映していたのにもかかわらず，しかも換気方式や天井板の存在を知りつつも初歩的な高さ限界に目がいっていなかった…。どんなに優れた計画を立てても現場でトラブルがあったら何にもなりません。

　机上の検討だけで現場施工はできないことを痛感した出来事でした。幸いにも，坑口近くの明かり部で荷卸しができたので事なきを得ましたが，現場を俯瞰的に見る重要さを学びました。

　それ以降，携わった工事でも，生コンの運搬経路を運行予定時間に合わせて実際に走行してみたり，橋梁の桁運搬時には現場付近の狭小な交差点を測量し車両の軌跡を描いてみたり，実際に現場で確認しな

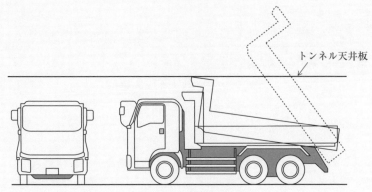

ダンプトラックの荷台

ければわからない初歩的なことに気を付けています。

最近, 忙しく机上で書類作成ばかりに追われ, 現場に出向かない, 現場担当者でさえそんな傾向が強くなり, 担当者自身もそれが当たり前だと認識するようになってきた気がしてなりません。現場事務所の技術者が最も力を注ぐべきは現場, 現物への対応です。

■開通後のトンネルインバート工事の難しさ

1980年代後半から, 道路トンネルでも矢板工法からNATMが主流となり, 地山の状態に合わせて適宜掘削パターンを変更しながら施工することが一般的になってきました。

2000年頃になると, 公共工事のコスト縮減が大命題となり, 建設費の大幅な削減が始まりました。今思えば, 本来, 総合的にコスト縮減を行うべきところ, 現場では「建設コストを下げるためなら何でもあり」という風潮があったのでないかと感じています (予算がなければ「無い袖は振れない」の理屈です)。

「この程度なら変状が出ても後で対応できる。コストの増える対策は今行う必要がない」「将来的には技術も進んで対応できる」という

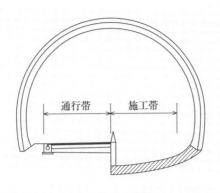

インバートの設置

思考で目先の建設費は削減されたのではないでしょうか。

　トンネル工事では，インバートを施工しなければ掘削量やコンクリート量を減らせるため，建設コストの縮減につなげることができます。本体部の支保工パターンの変更は施工時の安全にも直結するため慎重に判断しても，インバートとなると比較的安易に設置を省略できると考えてきた節があったのではないかと思います。

　開通後，盤膨れなどによりトンネル内の舗装に変状が見受けられることがあります。路面の変状は安全走行性に直結するため，変状部分は対症療法的に補修しています。変状の原因にもよりますが，その多くの原因を抜本的に除去するにはインバートの設置が必要です。

　建設時には比較的容易に施工できるインバートでも，開通後の施工となるとさまざまな課題が出てきます。大きな課題として一例を挙げれば，"一般通行車両への影響"です。渋滞や交通規制の方法は非常に大きな要素であり，施工時の安全性はもとより，通行車両の安全を担保しなければなりません。施工機械の選定，資機材の搬入方法，作業現場と車両通行帯の離隔や安全施設の配置など，開通後の施工では建設段階で必要としない検討事項に，非常に多くの時間と労力を費や

すことになります．もちろん，施工者の都合だけで工事計画はできず，道路管理者や交通管理者と綿密な調整が必要になってきます．

　もう一つ忘れてはならないのが，通常期の維持修繕作業方法の検討です．例えばトンネル内は除雪の必要がないから，「除雪車は回送状態で通過する」と考えることには問題があります．トンネルに入る前の坑口明かり部は除雪が必要になります．積雪地でトンネルがつくられるようなところは，一般的に降雪量も多いので除雪の重点地域になることもあります．特に，坑口部は明かり部の除雪時に除雪車の排雪板によってトンネル内に雪が持ち込まれやすくなります．この持ち込み雪によって路肩が狭まることがないか，溜まった雪はどのように除雪するか，坑口部は路肩を広げておく必要があるのではないかなど，一見関連のないようなことにも感度を上げて検討しなければなりません．このように，机上での想定や思い込みは危険であることは常に意識して工事の計画を立案することが重要です．

　工事目的物に関する施工計画のみでなく，通行車両や沿道環境への配慮のほか自らの施工には関連がないような事象に対しても感度を上げて物事を捉えていくことが技術者に求められる現場対応力ではないでしょうか．

　私も今までの経験の中で，目先の建設コストの縮減を追っていました．しかし，最近，社会インフラの修繕工事を担当して思うことがあります．技術者として「建設コストの削減は管理段階での対応や影響を想定して判断するべき」と感じています．工事の施工にあたっては，施工者の都合でなく社会的要請を的確に捉えながら対応していくことが私たち技術者に期待されていると思っています．

　いくつかの工事を経験し，ようやく今，自分の中で一つの答えが出ました．自分の反省でもありますが，それは，「技術者は自分の都合を優先してはならない」ということです．

　社会インフラの建設や維持修繕はそれを使う利用者が主役です．発注者は「最近の工事受注者は技術力がない」とか，受注者は「指示ど

おりやったのに適切な費用を支払ってもらえない」など、それぞれの物事について、その責任の所在を相手方に向けることで自らを正当化しようとしていないでしょうか。発注者も受注者もそれぞれの立場で、本来の役割を果たすために力を注ぐべきです。そのためにも我々は技術者相互のコミュニケーションを醸成し、最善を尽くす義務があるのではないでしょうか。

(越山安敏)

両郡橋（長野市国道19号）
1998年の長野冬季オリンピック・パラリンピック関連事業として整備／施工性・経済性・景観に配慮し、岩盤にアンカレイジを設けた希少な形式のPC他碇式斜張橋

# 第4章

# 契約変更と積算

(第4章のあらまし)

　これまで述べてきたように，土木工事においては，設計上の想定した基本条件と実際の現場状況が異なることは工事の規模を問わず起こりえます。当然，工事の予定価格を算定するための積算においても，現場ごとに異なる条件を全て網羅した上で行われるわけではありません。そのため，適切な施工条件の明示と適正な設計変更ならびに契約変更は，工事の円滑な推進や品質確保にとって極めて重要な要素となります。

　発注者は当該工事の要求する仕様や性能を規定し，それらを満足するために必要な条件明示を行います。また，それを受け，受注者は工事着手に際し設計図書の照査を行い，工事の進捗に伴って設計図書で明示された条件を確認していきます。その段階で現場の状況について疑義が生じた場合は発注者と協議の上，設計変更を行い，例えば構造物の寸法の微修正など工事費に影響のないものを除き，請負代金額や工期に関する契約変更を行います。

　このように設計変更という行為は，当初設計では把握できていない内容について現場の状況と施工方法に鑑みながら設計と現場の整合性を図り，工事の品質を確保することが目的です。そのため，発注者と施工者である受注者間での共通認識と合意の上に成り立つものであり，その結果として契約変更を行うという高度なマネジメント能力が要求されます。

第 4 章　契約変更と積算

## 4-1　工事費増額のメカニズム

　工事の増額変更はなぜ起きるのでしょうか。工事は発注時の設計どおりにそのまま進められるわけではなく，現場の状況に応じて適正に設計変更を行う必要があります。以下に高規格道路の山岳トンネル工事を事例として，増額が発生する要因をみていきます。

　この例は，急峻な地形の山岳部を通る高規格道路のトンネルをNATM工法によって行われた工事です（図 4-1）。断面は弾性波探査や地表面踏査などでボーリング・サンプリングを補足し，地山の状態を想定して行います。工事発注時の設計はある意味暫定的なものともいえ，実際にはほとんどの場合，施工を行いながら地質や湧水などの状況を観測し，それに応じて設計を逐次変更するという考え方でトンネルがつくられます。

　近年，三次元解析モデルなどによる解析手法の開発が進み，トンネルを掘削した場合の地盤の変形や支保工に作用する力を随分と的確に求めることができるようになりました。しかし，岩盤の全ての地質状況について，事前の調査で完全に把握することは現実問題としては難しく，高度な解析技術があったとしても，トンネルを当初設計のみで施工するのには限界があります。

　このように，事前に綿密な調査・解析を行ってもわからない部分が多くあり，公共土木工事には常に設計変更はつきものです。トンネル工事では，明確に想定できない脆弱な地山を総称して「E」と区分しています。このような地山を掘削するために，必要な対策工法の決定

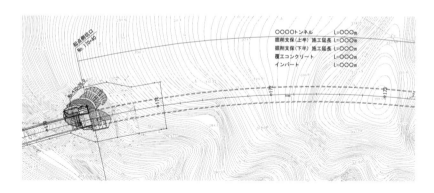

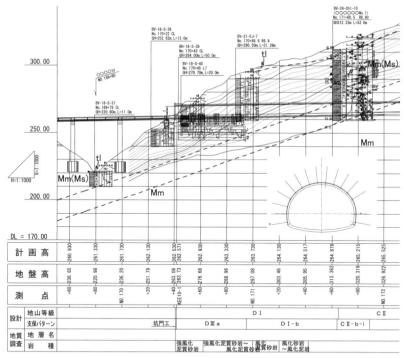

図 4-1　トンネル工事例_平面図と地質縦断図

第4章　契約変更と積算

に際しては地質や出水の状況に鑑み，その都度適正な工法を採用し，工事を進めるのが一般的です。

　トンネル工事では施工時の計測結果に基づく設計変更技術こそ「設計技術」として重要なことがわかります。逆に，設計変更を伴わない工事は，「危険と安全が適正に評価されない状況で構造物をつくってしまうこと」といっても過言ではありません。

　トンネル工事に限らず土や岩盤のように非線形な材料を扱い，多様な自然条件を相手にする土木工事においては，安全と品質確保の観点からこのような工事費増額のメカニズムが多くの現場で発生することを受発注者双方が理解しておく必要があります。

### ［メモ9］ トンネル工事の設計と変更

　トンネル工事の設計においては，事前の調査結果に基づき最も安全な設計を心掛けます。調査や試験結果から得られた値を用いて地盤の状況に応じ区間ごとに断面設計を行いますが，断面設計はその区間の最も安全な値を採用して行います。

　しかしながら地形が複雑なわが国の場合，断層や湧水など想定外の事態に遭遇することがあり，比較的安定した地山である「CⅠパターン」が掘削すると「CⅢ」や「DⅠ」などの不安定なパターンの地山にぶれる傾向が多いのが実態です。

　逆に「DⅠパターン」が比較的安定した「CⅠパターン」やより安定した「Bパターン」になることはほとんどありません。延長の短いトンネルで調査結果と実際の地盤状況が合致した場合などを除き，当初想定した不安定な地山が実際には安定した地山に

なることは稀といえます。そのため，海外でも「unforeseen」（想定外）や「advance physical condition」（（設計変更になる）特殊な条件）というトンネル用語が存在します。

**図 4-2　トンネル切羽**
弾性波探査とボーリングなどの結果から全断面安山岩と想定し設計。実際の地山は火山灰に噴石が混入した不安定な状態

## 4-2　公共工事標準請負契約約款

### （1）公共工事標準請負契約約款とは

　建設工事の請負契約においては，契約当事者である受発注者間の権利義務を規定する「約款」と技術的な仕様などを規定する「設計図書」の2種類の契約図書が存在しています。公共工事の請負契約は標準的なものを定めた「公共工事標準請負契約約款」（以下，標準請負契約約款）に基づいて行われます。

　受注産業の典型としての建設業においては，発注者の要求性能を確保した上で工作物の完成を目的とするため，本来，受発注者双方が対等である「双務契約」であるべきなのですが，官公庁あるいは大企業などの発注者と受注者の関係は長年にわたり受注者に不利な取扱いとなる「片務契約」が多くみられました。

　建設工事の現場における生産関係は，現場を取り巻く複雑な環境条件により，受発注者の協働を必要とし，かつ双方の権利義務関係に影響する事態に発展することが多いのも実態でした。こうした請負契約の片務性の是正と契約関係の明確化，適正化を図るため，標準請負契約約款では，国土交通大臣の諮問機関である「中央建設業審議会」が公正な立場から請負契約の当事者間の具体的な権利義務関係の内容を規定し，契約の当事者にその採用を勧告するものとしており，公共工事の契約にほとんど用いられています。

　標準請負契約約款は，工事名，工期，請負代金額などの主要な契約

内容を記載した当初部分である「建設工事請負契約書」と第1条（総則），第2条（関連工事の調整），…第13条（工事材料の品質及び検査等），第18条（条件変更等），第19条（設計図書の変更），第20条（工事の中止），第23条（工期の変更方法），第31条（検査及び引渡し），第32条（請負代金の支払），…第44条（瑕疵担保）など全55条の「条項」からなります。ここでは，『公共工事標準請負契約約款の解説』[1]を引用しながら，国土交通省の標準請負契約約款を用いてみていきます。

## （2）契約変更と設計変更

契約変更と設計変更の一般的な解釈として，国土交通省においては次のように定義しています。

[設計変更と契約変更]
設計変更：工事の施工にあたり，設計図書の内容の変更を伴うもの
契約変更：設計変更に伴う請負代金額および工期の変更に基づく
　　　　　契約の変更を行うもの

## （3）第1条（総則）の重要部分

① 契約図書の定義

契約書類は，先に述べた約款（当初部分の契約書と第55条までの条項部分）と設計図書（設計図，仕様書，現場説明および現場説明書

に対する質問回答書）からなります。そして，標準請負契約約款第1条第1項においては，請負契約は契約書類の定めるところにより履行されなければならないと規定されています。

> （総則）
> 第1条　発注者及び受注者は，この約款（契約書を含む。以下同じ）に基づき，設計図書（別冊の図面，仕様書，現場説明書及び現場説明に対する質問回答書をいう。以下同じ）に従い，日本国の法令を遵守し，この契約（この契約及び設計図書を内容とする工事の請負契約をいう。以下同じ）を履行しなければならない。

② 仮設，施工方法に関する規定

標準請負契約約款第1条第3号において，工事目的物を完成させるための一切の手段は受注者の責任で定めることと規定されています。これは，施工方法などの決定において受注者の自主性を保証するために定められたものです。そのため発注者は，工事の特殊性や安全確保のために必要な場合は施工方法を指定することができます。発注者が仮設，施工方法などをあらかじめ条件明示することを指定仮設といいます。

逆に，設計図書に施工方法などの指定をしていない場合には，受注者は安全や品質を確保し，自己の責任において施工方法を選択しますが，それを任意仮設と呼びます（自主施工の原則）。この場合，発注者は施工方法などについて注文をつけることはできません。建設機械の選択などについても同じ解釈です。

> （総則）
> 第1条3　仮設，施工方法その他工事目的物を完成するために必要な一切の手段（「施工方法等」という。以下同じ）については，この約款及び設計図書に特別の定めがある場合を除き，受注者がその責任において定める。

### ［指定仮設と任意仮設］

指定仮設：工事目的物を施工するための仮設，施工方法などを発注者があらかじめ決定する必要がある場合に，設計図書に条件として明示した仮設，施工方法などをいう。

任意仮設：工事目的物を施工するための仮設，施工方法などについて，「自主施工の原則」により，受注者の責任で実施する場合をいう。

　施工方法などを受注者の自由裁量に委ねることにより，より円滑で迅速な施工が期待できるほか，新たな技術開発の誘発も期待されます。自主施工の原則は優れた施工技術をもつ受注者への信頼が根底にあり，工事の発注にあたっては，厳正な資格審査により，相応の施工能力を有する者が契約相手として選ばれているためです。しかしながら，発注者がこの条項を都合のよいように解釈をして「受注者の自由裁量なのだから仮設の変更には応じられない」といった理不尽な対応も散見されます。

**[任意仮設も契約変更の対象となる]**

　受発注者双方において，「任意仮設は契約変更できないもの」と考えている場合が多いといわれています。詳しくは次の(4)①条件変更等（標準請負契約約款第18条）で述べますが，任意仮設であっても，現場の条件（地下水位や土質条件等）が当初と異なる場合は設計変更並びに契約変更が可能です。

## （4）契約変更に関する重要規定

　ここでは，契約変更にかかる重要な規定である第18条（条件変更等）と第20条（工事の中止）について述べます。

　①　条件変更等（第18条）

　この条項では，設計図書と工事現場の状態とが異なる場合，設計図書の表示が不明確な場合，設計図書に示された施工条件が実際と一致しない場合，工事の施工条件について予期し得ない特別の状態が生じた場合などにおいては，請負者はその旨を発注者に通知しなければならず，通知を受けた発注者は，調査を行い，必要に応じて設計図書を変更または訂正し，工期または請負代金額の変更などを行うべきことを規定したものです[1]。ここでいう請負者とは，受注者のことを指します。

　第1項は，設計図書と施工現場の状態とが異なるなどの列挙された事実が発見された場合，受注者が書面により監督員に通知し，確認を請求しなければならないことを規定しています。また，「第1項各号に掲げられた事項を巡っては紛争が生じやすいだけでなく，契約の根

幹となる事項であることから，書面によって明白な証拠を残しておくことが重要である」[1]としています。

第2項は，監督員は，第1項各号に掲げる事実について，受注者からの確認を請求されたときまたは自らが発見したときは，受注者の立会いの上，調査を行うことを規定しています。

調査については，「施工条件の変更，工事目的物の変更が行われるか否か，ひいては，工期又は請負代金額の変更等が行われるか否かの基礎となるものであり，請負者としても，重大な利害関係を有することであるため，請負者の立場の保護を図るために，請負者の立会いの上行うこととしている」[1]としています。

第3項は，発注者は受注者の意見を聴いて調査結果に基づく指示を含めて，とりまとめ結果を調査終了後，一定期間内に通知しなければならないことを規定しています。

第4項は，第1項の事実が受発注者間で確認され，必要があると認められるときの設計図書の訂正または変更について規定しています。「必要があると認められるとき」とは，「発注者の意思によって決められるものではなく，客観的に決められるべきものである。したがって，調査の結果，第1項各号に掲げられた事実が確認されたが，それがあまりに軽微であり，設計図書の変更又は訂正をしないで，当初の設計図書に従って施工を続けても支障がない場合等を除き，設計図書の変更又は訂正が行われるべきである」[1]としています。

第5項は，第4項の規定により設計図書の訂正または変更が行われた場合，発注者は必要があると認められるとき，工期または請負代金額の変更および損害を及ぼしたときの必要な費用負担について規定し

ています。工期または請負代金額の変更とは,「どちらか一方のみを変更すればよいとの意味ではなく,工期と請負代金額の双方又はその一方を変更すべきことを意味している」[1]としています。

(条件変更等)
第18条 受注者は,工事の施工に当たり,次の各号の一に該当する事実を発見したときは,その旨を直ちに監督員に通知し,その確認を請求しなければならない。
一 図面,仕様書,現場説明書及び現場説明に対する質問回答書が一致しないこと(これらの優先順位が定められている場合を除く。)
二 設計図書に誤謬又は脱漏があること
三 設計図書の表示が明確でないこと
四 工事現場の形状,地質,湧水等の状態,施工上の制約等設計図書に示された自然的又は人為的な施工条件と実際の工事現場が一致しないこと
五 設計図書で明示されていない施工条件について予期することのできない特別な状態が生じたこと
2 監督員は,前項の規定による確認を請求されたとき又は自ら前項各号に掲げる事実を発見したときは,受注者の立会いの上,直ちに調査を行わなければならない。ただし,受注者が立会いに応じない場合には,受注者の立会いを得ずに行うことができる。
3 発注者は,受注者の意見を聴いて,調査の結果(これに対してとるべき措置を指示する必要があるときは,当該指示を含む。)をとりまとめ,調査の終了後〇日以内に,その結果を受注者に通知しなければならない。ただし,その期間内に通知できないやむを得ない理由があるときは,あらかじめ受注者の意見を聴いた上,当該期間を延長することができる。

> 4　前項の調査の結果において第一項の事実が確認された場合において，必要があると認められるときは，次の各号に掲げるところにより，設計図書の訂正又は変更を行わなければならない。
> 一　第一項第一号から第三号までのいずれかに該当し設計図書を訂正する必要があるもの　発注者が行う。
> 二　第一項第四号又は第五号に該当し設計図書を変更する場合で工事目的物の変更を伴うもの　発注者が行う。
> 三　第一項第四号又は第五号に該当し設計図書を変更する場合で工事目的物の変更を伴わないもの　発注者と受注者とが協議して発注者が行う。
> 5　前項の規定により設計図書の訂正又は変更が行われた場合において，発注者は，必要があると認められるときは工期若しくは請負代金額を変更し，又は受注者に損害を及ぼしたときは必要な費用を負担しなければならない。

② 　工事の中止（第20条）

　大きなイベントの開催による早期発注や緊急経済対策などにより，用地買収や関係機関調整が未了の場合や天災不可抗力，想定できなかった事象などにより，工事の一時中止が発生します。

　この場合，工事の一部での一時中止の場合でも主たる工事の施工が滞った場合，受注者にとっては，現場の生産性が著しく阻害され，一時中止期間中の現場の安全対策などの費用や工事再開に伴う費用などに加え，職員の給与・手当や現場事務所の運営経費の増大などにより大きな負担が生じます。

　このため，工事の一時中止期間中の受注者の負担を担保するため，工事の一時中止義務は発注者にあります。

> （工事の中止）
> 第20条　工事用地等の確保ができない等のため又は暴風，豪雨，洪水，高潮，地震，地すべり，落盤，火災，騒乱，暴動その他の自然的又は人為的な事象（以下「天災等」という。）であって受注者の責めに帰すことができないものにより工事目的物等に損害を生じ若しくは工事現場の状態が変動したため，受注者が工事を施工できないと認められるときは，発注者は，工事の中止内容を直ちに受注者に通知して，工事の全部又は一部の施工を一時中止させなければならない。
> 2　発注者は，前項の規定によるほか，必要があると認めるときは，工事の中止内容を受注者に通知して，工事の全部又は一部の施工を一時中止させることができる。

　この第20条は受注者の経営状況が不振に陥った場合や重大な過失などによる事故，粗雑工事など受注者の責めで現場が休止する場合ではなく，受注者が工事を施工する意思を持っていても工事を施工することができない場合を想定しています。発注者が工事の施工を中止させなければ，中止に伴う工期または請負代金額の変更が行われず，損害などの負担を受注者が負うことを防止するための規定です。

　そのため，受注者は工事の一時中止期間中に発生する経費を適正に積算し，発注者は受発注者協議を経て適正に工期を延期し，一時中止費用を適正に支払う必要があります。

## 4-3　設計変更に関する改正品確法の規定

### （1）改正品確法

　「公共工事の品質確保の促進に関する法律」の改正（以下，改正品確法）により，品質確保のためには担い手を確保し，受注者の利益を確保することが法律によって求められるようになりました。そのため，適正な予定価格の設定，適正な支払い，適正な契約変更など契約変更に関わる発注者の責任が法律で明確に規定されました。

　内容として，「設計図書に示された施工条件と実際の工事現場の状態が一致しない場合，設計図書に示されていない施工条件について予期することができない特別な状態が生じた場合その他の場合において，必要があると認められるときは，適切に設計図書の変更およびこれに伴い必要となる請負代金の額または工期の変更を行うこと」と明確に規定されています。

### （2）発注関係事務の運用に関する指針（運用指針）

　運用指針は，各発注者が改正品確法に規定される「発注者の責務」を踏まえ，発注者共通の指針として，発注者が発注体制や地域の実情などに応じて発注関係事務を適切かつ効率的に運用できるようにしたものです。

　また，運用指針のポイントとして「必ず実施すべき事項」と「実施

に努める事項」の2点が示されています。

[必ず実施すべき事項]
① 予定価格の適正な設定
② 歩切りの根絶
③ 発注者間の連携体制の構築

[実施に努める事項]
① 工事の性格などに応じた入札契約方式の選択・活用
② 発注や施工時期の平準化
③ 見積りの活用
④ 受注者との情報共有，協議の迅速化
⑤ 完成後一定期間を経過した後における施工状況の確認・評価

## 4-4　設計変更ガイドライン

### (1) 設計変更ガイドラインとは

　これまで国土交通省においては「工事請負契約における設計変更ガイドライン」（以下，設計変更ガイドライン）がとりまとめられてきました。これは，設計変更に関わる標準請負契約約款の重要規定である第18条（条件変更等）や第20条（工事の中止）を根拠として，設計変更における課題や留意点がとりまとめられ，受発注者双方の共通認識を得ることが目的とされているためです。

この設計変更ガイドラインについても 2014 年の品確法の改正に伴い，大幅に見直しがなされました。設計変更ガイドラインの適用にあたっては，契約の一事項として扱うこととされており，工事特記仕様書において次のように規定されています。

---
〈記載の一例〉
第○○条　設計変更　設計変更等については，契約書第 18 条から第 24 条及び共通仕様書共通編○○に記載しているところであるが，その具体的な考え方や手続については「工事請負契約における設計変更ガイドライン」（国土交通省○○地方整備局○○官通知，平成○○年○○月○○日）によることとする。

---

　特記仕様書は，国土交通省の土木工事共通仕様書の規定によると，設計図書の最優先事項として位置付けられているため，設計変更ガイドラインの規定を遵守する必要があります。
　では具体的に設計変更ガイドラインについてみていきます。地方整備局等（北海道開発局，内閣府沖縄総合事務局を含む）のガイドラインに沿って，以下に内容を示します。


## （2）設計変更が可能な場合

以下の場合においては設計変更が可能とされています。
- 仮設（任意仮設を含む）において，条件明示の有無にかかわらず当初発注時点で予期し得なかった土質条件や地下水位などが現地で確

認された場合（ただし，所定の手続きが必要）
- 当初発注時点で想定している工事着手時期に，受注者の責によらず，工事着手できない場合
- 所定の手続き（「協議等」）を行い，発注者の「指示」によるもの（「協議」の結果として，軽微なものは金額の変更を行わない場合もある）
- 受注者が行うべき「設計図書の照査」の範囲を超える作業を実施する場合
- 受注者の責によらない工期の延期・短縮を行う場合で協議により必要があると認められる場合

## （3）原則として設計変更できない場合

以下の場合においては，原則として設計変更できないとされています。
- 設計図書に条件明示のない事項において，発注者と「協議」を行わず受注者が独自に判断して施工を実施した場合
- 発注者と「協議」をしているが，協議の回答がない時点で施工を実施した場合
- 「承諾」で施工した場合
- 工事請負契約書・土木工事共通仕様書（案）に定められている所定の手続きを経ていない場合（契約書第18条～24条等）
- 正式な書面によらない事項（口頭のみの指示・協議等）の場合

原則として設計変更できない場合を挙げていますが，これは書面主

義，協議による合意を前提としています。一見当然のことと解釈できますが，発注者が協議に応じない，協議しても発注者から回答がないなど，やむを得ない事情により受注者が独自に判断して施工することが起きています。受発注者双方がこの条文を理解し，遵守できるよう努力することが重要と思われます。

## （4）設計変更に伴う契約金額の変更

### ◆変更見込金額 30% ルール

　設計変更に伴い，変更見込金額が請負代金額の 30% を超える場合においても一体施工で行う必要性があり，分離発注できないものについては，適切に設計図書の変更およびこれに伴い必要となる請負代金または工期の変更を行うこととするとされています（ただし，変更見込金額が請負代金額の 30% を超える場合は追加する前に地方整備局等に報告を行うこととされています）。特に，指示などで実施が決定し，施工が進められているにもかかわらず，変更見込金額が請負代金額の 30% を超えただけの理由で設計変更に応じなかったり，もしくは設計変更に伴って必要と認められる請負代金の額や工期の変更を行わないといったことはあってはなりません。

### ◆契約変更概算額の提示

　国土交通省の地方整備局等では，特に設計変更ガイドラインの重要部分に関し全国統一を図り，その結果，設計変更に伴う契約変更額を提示する環境が整えられてきました。具体的には，受注者が算定した

契約変更の概算額を参考値として，百万円単位を基本として発注者の指示書に明示することとしたのです。これにより，必要な予算確保の見通しがつくこととなりました。

逆に，予算確保が困難な場合には，例えば影響がない工種を次年度に先送りすることや，次年度に予定している維持工事との連携を図って金額を抑えるなど，受発注者双方の負担軽減に努めるのが得策と考えられます。概算額の記載方法を以下に示しておきます。

［発注者からの先行指示の場合］

- 発注者から指示を行い，契約変更手続きを行う前に受注者へ作業を行わせる場合は，必ず書面（指示書等）にて指示を行う。
- 指示書には，変更内容による変更見込み概算額を記載することとし，記載できない場合にはその理由を記載する。
- 概算額については，類似する他工事の事例や設計業務などの成果，協会資料などを参考に記載することも可とする。また，記載した概算額の出典や算出条件などについて明示する。
- 概算額は，百万円単位を基本（百万円以下の場合は十万円単位）とする。

［受発注者間の協議により変更する指示書の場合］

- 受発注者間の協議に基づき，契約変更手続きを行う前に受注者へ作業を行わせる場合は，必ず書面（指示書等）にて指示を行う。
- 指示書には，変更内容による変更見込み概算額を記載する。
- 概算額の明示にあたっては，協議時点で受注者から見積書の提出があった場合に，その見積書の妥当性を確認し，妥当性が確認された場合は，その見積書の額と，受注者の提示額であることを指示書に

記載する。受注者から見積書の提出がない場合は，概算額を記載しない。
- 概算額は，百万円単位を基本（百万円以下の場合は十万円単位）とする。

### （5）設計変更の手続きの流れ

標準請負契約約款第18条第1項に関する設計変更の手続きについては設計変更ガイドラインで図4-3のように整理されています。これにより必要な手続き期間も明瞭となり，受発注者での協議がより一層円滑に進められることが期待されます。

### （6）契約変更に関する手続き

ここでは，国土交通省地方整備局等の定めた設計変更ガイドラインを参考に契約変更の手続きについて述べます。条件変更の中で最も多くのケースが想定される，標準請負契約約款第18条第1項の四と工事の中止にかかる第20条の手続きの流れについて説明します。

① 契約変更の手続き

---
第18条第1項　四　工事現場の形状，地質，湧水等の状態，施工上の制約等設計図書に示された自然的又は人為的な施工条件と実際の工事現場が一致しないこと。

---

第 4 章　契約変更と積算

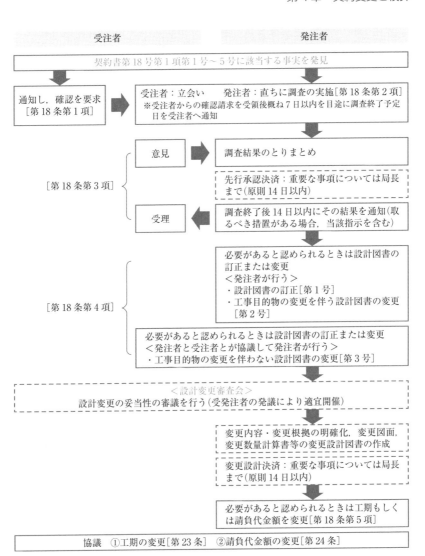

図 4-3　設計変更の手続きの流れ[2]

ここでいう自然的条件とは，例えば，掘削する地山の高さ，埋め立てるべき水面の深さなどの地表面の凹凸などの形状，地質，湧水の有無または量，地下水の水位，立木などの除去すべき物の有無を指します。また，人為的な施工条件の例としては，地下埋設物，地下工作物，土取（捨）場，工事用道路，通行道路，工事に関係する法令などが挙げられます。

契約変更の手続きで想定される事例は以下のとおりです。
- 設計図書に明示された土質が現地条件と一致しない場合
- 設計図書に明示された地下水位が現地条件と一致しない場合
- 設計図書に明示された交通誘導員の人数などが規制図と一致しない場合
- 所定の手続きにより行った設計図書の訂正・変更で，現地条件と一致しない場合
- その他，新たな制約などが発生した場合

工事着手前の設計図書の照査や関係機関との調整，工事の進捗に伴

図 4-4　契約変更の手続き[2]

い，設計図書に明示された条件と実際の現場が一致しないことは多くの現場で起きています。

② 工事中止の手続き

> 第20条　工事用地等の確保ができない等のため又は暴風，豪雨，洪水，高潮，地震，地すべり，落盤，火災，騒乱，暴動その他の自然的又は人為的な事象（以下「天災等」という。）であって受注者の責めに帰すことができないものにより工事目的物等に損害を生じ若しくは工事現場の状態が変動したため，受注者が工事を施工できないと認められるときは，発注者は，工事の中止内容を直ちに受注者に通知して，工事の全部又は一部の施工を一時中止させなければならない。
> 2　発注者は，前項の規定によるほか，必要があると認めるときは，工事の中止内容を受注者に通知して，工事の全部又は一部の施工を一時中止させることができる。
> 3　発注者は，前二項の規定により工事の施工を一時中止させた場合において，必要があると認められるときは工期若しくは請負代金額を変更し，又は受注者が工事の続行に備え工事現場を維持し若しくは労働者，建設機械器具等を保持するための費用その他の工事の施工の一時中止に伴う増加費用を必要とし若しくは受注者に損害を及ぼしたときは必要な費用を負担しなければならない。

工事中止となることが想定される事例は以下のとおりです。
- 設計図書に着工時期が定められた場合，その期日までに受注者の責めによらず施工できない場合
- 警察，河川・鉄道管理者などの管理者間協議が未了の場合

- 管理者間協議の結果，施工できない期間が設定された場合
- 受注者の責によらない何らかのトラブル（地元調整など）が生じた場合
- 設計図書に定められた期日までに詳細設計が未完成のため，施工できない場合
- 予見できない事態（地中障害物の発見など）が発生した場合
- 工事用地の確保ができないなどのため工事を実施できない場合
- 設計図書と実際の施工条件の相違または設計図書の不備が発見されたため施工を続けることが困難な場合
- 埋蔵文化財の発掘または調査，その他の事由により工事を実施でき

| 受注者 | | 発注者 |
|---|---|---|
| 地元調整や予期しない現場状況等のため，受注者が工事を施工することができない 受注者からの中止事案の確認請求も可。 |  | 「契約書第20条(工事の中止)第1項」により，発注者は工事の全部または一部の施工を原則として一時中止しなければならない。 |
| 受注者は，土木工事共通仕様書1-1-13 第3項に基づき，基本計画書を作成し，発注者の承諾を得る。 |  | 発注者より，一時中止の指示(契約上一時中止をかけることは発注者の義務) |
| 不承諾の場合は，基本計画書を修正し，再度承諾を得る | | 発注者は，現場管理上，最低限必要な施設・人数等を吟味し，基本計画書を承諾 |
| 基本計画書に基づいた施工の実態 | | 承諾した基本計画書に基づき，施工監督および設計変更を実施 |

図 4-5 工事中止の手続き[2]

ない場合

大規模なイベントの開催や緊急経済対策などにより，設計や用地買収が進捗中であっても，補正予算を組んでやむなく発注する場合や早期に発注することで必要な手続きを先行させることを考慮する場合もあります。

## (7) 事前の合意，受発注者の相互理解による円滑な合意

契約にあたっては，構築される目的物の仕様だけでなく施工条件を明示することが重要です。これらの変更に関わる契約のマネジメントは受発注者の利益に影響を及ぼすため，双方にとって大きな関心事であり，契約変更では受発注者による事前の合意が重要となってきます。

公共工事の執行において，発注者側の技術者は施設整備の計画を策定して，設計から維持管理に至るまでのマネジメントを担当し，適切な技術的判断（エンジニアリングジャッジ）を行う必要があります。設計，施工の各段階では建設コンサルタントや建設会社の技術者が自己の保有する専門技術や応用能力を駆使して，設計や現場の施工管理を担当します。設計変更という行為は，こうした関係者間の信頼と理解があってこそ適切に行われるものです。その点においても，設計変更や契約変更を円滑に行うためには，受発注者が相互を尊重すると同時に，契約変更を互いに理解して運用していくことが重要と考えます。

**出典**

[1] 建設業法研究会編著：改訂4版公共工事標準請負契約約款の解説，大成出版社，2012

[2] 国土交通省関東地方整備局：土木工事における工事請負契約における設計変更ガイドライン（総合版），2016（http://www.ktr.mlit.go.jp/ktr_content/content/000679443.pdf）

**参考文献**

・大野春雄監修，小笠原光雅，森川誠司，坂井邦登：トンネル　なぜなぜおもしろ読本，山海堂，2003
・木下誠也編著：公共工事における契約変更の実際，経済調査会，2014
・建設業法研究会編著：改訂4版公共工事標準請負契約約款の解説，大成出版社，2012
・国土交通省関東地方整備局：土木工事における工事請負契約における設計変更ガイドライン（総合版），2016
・大成建設「トンネル」研究プロジェクトチーム：最新！トンネル工法の"なぜ"を科学する，アーク出版，2014
・土木学会：トンネル標準示方書「共通編」・同解説／「山岳工法編」・同解説，2016
・NATM積算研究会（真下英人，北川隆，髙野昭雄）：新・NATMの施工と積算，経済調査会，2009

■■ Column 5 ■■
### 発注者の無謬性と旧来の協調調整システム

　従来，わが国の公共工事の入札・契約制度は，発注者が万能であることを前提として運用されてきました。経営基盤が安定していて受注実績・技術力を有し，信頼のおける者のリストをあらかじめ発注者が作成し，その中から当該工事に相応しい能力のある者を発注者が指名して入札に参加させていたのです。

　発注者と受注者による旧来の協調調整システムが機能していた時代です。協調調整システムの下では予定価格に近い金額で契約が成立しており，設計変更において予算の制約により支払えない部分があっても，受発注者間に「貸し借り関係」が成立する環境がありました。そのため，発注者の過大積算が会計検査で指摘された場合でも，違算額を受注者が国庫へ戻入するという措置が取られ，逆に過少積算の場合でも不調・不落はほとんど発生しませんでした。そのため，「発注者は間違っていない」という，いわゆる「発注者の無謬性」が成立していたのです。

　1990年代初頭のゼネコンスキャンダル勃発以前は，国民の間にもある程度暗黙の了解があり，さまざまな不具合を補完するシステムが機能していたことから，発注者はある意味「万能」であったといえます。直営時代は，計画・調査設計，積算，資材調達，工事監督・検査を発注者が自ら行っており，直営を経験した技術者の指導力も相まって，1970年代までは受発注者間での協調調整システムにより受発注者の技術力が結集され，技術的な観点からマネジメントが良好に機能していたといえます。

　しかし時代は変わり，1981年には静岡県下の建設業団体による談合が，独占禁止法のカルテル行為に当たる違反として公正取引委員会に摘発され排除勧告と3億円近い課徴金が課されたことをきっかけに，建設業界と政界の癒着に対する批判が高まっていきます。1990年代にゼネコン汚職事件が摘発，2005年にはゼネコン大手4社によ

る「談合決別宣言」が報道されるなど,脱談合の流れが生まれていきました。

　旧来のシステムが国民から認められなくなった現在,改正品確法の趣旨に照らし,工事請負契約において当初の設計・積算を補完し,現場の生産性向上と品質確保を図る必要があります。その意味でも設計変更と契約変更の重要性が一層増したともいえます。

(R. M.)

**参考文献**
木下誠也：公共調達解体新書,経済調査会,2017
吉野洋一：公共工事入札における競争の限界と今後の課題,日刊建設通信新聞社,2014

第 4 章　契約変更と積算

■■■ Column 6 ■■■
### トンネルの当初設計と実施設計に対する差異の考察

トンネル工事（山岳工法）は，土木工事の中でも特に地山条件を事前に完全に把握することが難しい場合が多く，施工中に遭遇する地山の状態によって当初計画を変更することもあります。そこで私の経験より 2 事例を用いて当初設計と実施設計に対する考察をしてみました。

■ トンネルの当初設計の考え方

トンネルの設計は土木学会によるトンネル標準示方書を基本として作成されています。山岳工法については，昭和 61 年版（第 3 回改訂）に，それまでの矢板工法からロックボルトと吹付コンクリートを主体とする現在の工法，NATM（New Austrian Tunneling Method）に全面改定されました。

現在のトンネル標準示方書では，計画および調査，設計，施工，施工管理，補助工法など詳細に掲載されています。当初設計とは調査結果資料に基づき岩盤地山に対応した標準設計（標準支保パターンなど）を適用して計画します。また，必要に応じて精度を高めるため，数値解析などを行い，施工方法を決定しています。ここで述べている

矢板工法

179

NATM

　調査資料に対応した標準支保パターンとは，トンネル掘削の際に岩盤が崩れないように支える構造物を指します。NATMの場合，吹付コンクリート，ロックボルト，鋼製支保工が主であり，それぞれの強度や剛性に応じて，支保の軽い設計（安価）のAパターンから支保の重い設計（高価）に向かって順に「B→C→D→E」などと名前をつけたものを標準支保パターンとしています。

■トンネルの設計変更
　トンネルの設計変更では，将来にわたってトンネルの品質を確保することが前提とされています。具体的には，時として相反する判断かつ評価指標となる「施工中の安全性確保と供用後の耐久性確保」および「工事の合理性，経済性の追求」などを考慮して検討します。その結果，当初設計で採用されている設計支保パターンより支保構造などのランクアップ（支保工を増強）やランクダウン（支保工を軽減），補助工法などの追加，削減をすることがあります。設計支保パターンを変更する場合，発注者と請負会社も含めて切羽※での岩判定（地質や支保パターンの確認）を行い設計支保パターンの継続や変更などを決定します。
　※切羽：トンネル掘進方向における掘削面

■施工事例

|事例1| 設計変更額の大きい事例 —Aトンネルの場合—
(工事概要) 道路トンネル,非常駐車帯4カ所含む
　掘削断面積:80.4〜100.8 m²
　施工延長:1,416 m(トンネル全延長2,472 m)
　地質:泥質片岩主体で一部砂岩,ヒン岩を伴う(古生代,三郡変成岩類)
　設計時の調査概要:電気探査・地山の弾性波探査,地表踏査,水文調査,坑口部の水平,鉛直ボーリングなど

　この工事は事前調査結果で,周辺に活断層・規模の大きな断層や変質帯も確認されておらず,地形も地質も比較的安定した状態と判断されていました。ただし,起点側のトンネル入口付近は岩盤の緩みと風化が確認されたため,鉛直ボーリングと水平ボーリング(L=74 m)を実施して当初設計が決定されたようです。
　実際に施工してみても,出現した地質は当初設計で想定したものと大きな相違はありませんでした。しかしながら,地山性状は当初設計よりも全体的に悪いことがわかりました。トンネルの入口からおよそ750 m地点までは,想定されていなかった断層や集中湧水などが発

トンネル切羽断層と鉛直ボーリング例

生し，トンネル崩落の可能性が高かったことから，設計支保パターンをランクアップする施工が多くの箇所で発生しました。切羽自立を保つために追加で補助工法も実施しました。

その結果，図からもわかるように当初設計においてCパターン（CⅠとCⅡの合計）が全体の88%だったのが，実施設計では52%まで少なくなりました。また，掘削時の縦断勾配が下り勾配のところで，集中湧水などによる出水量が増加したため，濁水処理設備を順次対応させ，最大220 t/hまで増設しました。

この想定外の断層発現による設計支保パターンのランクアップと濁水処理設備の新設・増設によって工事費は増額となりました。事前に地質調査に費用をかけてボーリングなど追加調査を行っていたとしても，この想定外の断層はトンネル路線方向とほぼ平行で鉛直方向の断層であったため，見つけることは困難であったと推察されます（鉛直方向の幅の狭い断層と鉛直ボーリングが硬い岩盤に到達している場合）。増額になったその他の要因は追加工事（トンネル内の舗装工事や通路の追加など）でした。

ちなみに当初設計と比較した実施設計の増額率は，追加工事なども含めて152%でした。この増額率の147%が設計支保パターンの変更分であり，残りの5%は追加工事によるものでした。

また，当工事では断層発現による切羽の崩落や集中湧水により一時切羽が水没することもありましたが，発注者を含む関係者による昼夜問わずのご対応・ご指導により無事に乗り越えることができました。

第4章　契約変更と積算

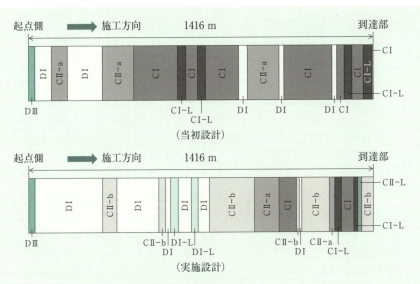

事例1　設計支保パターン

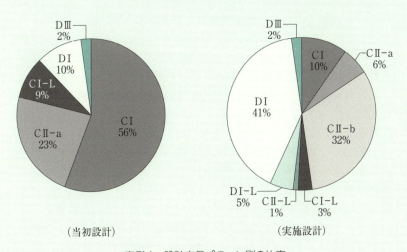

事例1　設計支保パターン別の比率

|事例2| 設計変更額の少ない事例 —Bトンネルの場合—
(工事概要) 道路トンネル
　掘削断面積：75〜80 m$^2$
　施工延長：246 m（当初設計242 m）
　地質：凝灰角レキ岩，火山円レキ岩，
　　　　安山岩（新生第3紀変成岩）
　設計時の調査概要：地山の弾性波探査，地表踏査，水文調査，鉛直
　　　　ボーリング（5カ所）等

　この事例は，尾根地形部に計画され，完成すれば現道をショートカットできる，総延長が246 mの発破工法による道路トンネルの工事です。トンネル中央付近の尾根地表部に供用中の発電用水圧鉄管（φ1,000〜1,500 mm）があり，今回施工するトンネルと水圧鉄管の最小離隔が90 mと小さく，発破による影響を検討するため，設計段階で地質調査・ボーリング調査も実施されていました。鉛直ボーリング調査は，両坑口付近と地質が悪いと推定される4カ所，水圧鉄管の横での1カ所，合計5カ所で実施し，支保パターンの設計に反映されていました。事例1のトンネルが坑口付近での4カ所でボーリング調査が行われたことと比較すると，この事例においてはトンネルの長さの割にボーリング調査箇所が多いことがわかるでしょう。
　トンネル掘削時に水圧鉄管部への発破振動を低減するBⅠパターン（制限発破工法）も当初設計で採用されていました。BⅠパターンは制限発破工法を採用しているので通常のBパターンより金額が割高になります。そこで水圧鉄管部への影響の妥当性とBⅠパターン区間の妥当性を確認するため，設計上のBⅠパターン区間よりも手前から発破振動の測定を開始し，施工しました。その結果，BⅠパターンの比率は当初設計20％に対し実施設計比率が14％となり，工事費を下げることができました。また，トンネル中央部付近のBパターンは終点側が当初設計より地質が良好だったため，岩判定の協議によりBパ

第４章　契約変更と積算

ターン区間の延長を行いました（図の(ア)の部分。ただし，区間内の地質状況で一部ＣⅠパターンにランクダウンもしました）。さらにトンネル終点側の地表形状が急峻で，トンネル路線に対して斜交しており，一般的なトンネルよりも将来的に維持費が増大することも懸念されていました。

そこで長期耐久性の提案として，費用は増えますがトンネル延長を4m長くして斜坑門を採用し，坑門背面の切土法面の規模を縮小する提案を行ったところ，結果的に発注者に理解してもらい採用されました。今回の工事で「トンネル工事は実施工事では常に工事金額が増える，高くなるということはない」という一例を示せたと思います。この事例では約50ｍと短い間隔での調査ボーリングや地表踏査，弾性波探査の結果がうまく反映できたことと，想定外の断層や弱層・大量湧水などがなかったことによって当初設計と実施設計に大きな差が出ませんでした。工事費も当初設計に対し，最終的に102％の金額で精算となりました。

このように発注者・請負会社で各種検討事項の協議を行い，長期耐久性も含めた提案も認めてもらいながら無事故で良い品質の製品を完成させることができました。トンネル完成後，発注者より感謝の意として起点側坑門の横に，全就労者の名前が彫られた記念碑を建ててもらいました。今でもこのトンネルを通るときに記念碑が輝いているように思えます。

(小野　稔)

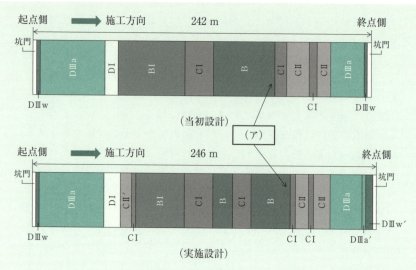

事例2　設計支保パターン

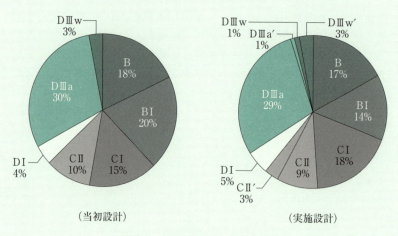

事例2　設計支保パターン別の比率

# 第5章

# 会計検査制度と積算

(第5章のあらまし)

　会計検査院は，国の収入支出の決算，政府関係機関・独立行政法人などの会計，国が補助金などの財政援助を与えているものの会計などの検査を行う憲法上の独立した機関であり，会計検査院の検査（以下，会計検査）には，在庁して行う「書面検査」と事業実施箇所に調査官などの職員を派遣して行う「実地検査」があります。

　実地検査では，関係帳簿や検査院に証拠書類として提出されていない書類などについて検査するほか，担当者や関係者から意見や説明を聞き，また，財産の管理や機能の実態を調査したり，工事の出来栄えを実地に確認したりします。質問や出頭が求められることもあり，会計検査院法によりこれらのことが求められると応じなければならないとされています。

　特に現地に赴く会計実地検査の場合，直接に担当者や関係者に説明を求め，説明の証拠となる帳簿，伝票類，写真，データなどの資料を求めて事実関係や現場の確認なども行います。この会計検査を巡っては，受検側にとっては，説明責任を伴う事項などについて相当の負担やストレスなどが与えられるようで，そのためか，思いも寄らない誤解が生じていたり，「会計検査が通らない」ことを口実にした不作為なども見受けられます。

　ここでは，会計検査についての理解と，特に公共工事における積算検査の考え方などについて理解を深めて頂くことに目的としています。なお，本章での記述内容は，筆者の個人的見解であることをあらかじめお断り致します。

## 5-1　会計検査制度

### (1) 会計検査院

　国の活動は予算の執行を通じて行われます。予算は，内閣によって編成され，国会で審議した後，各府省などによって執行されます。

　そして，その執行の結果について，決算が作成され，国会で審査が行われます。予算が適切かつ有効に執行されたかどうかをチェックすることと，その結果が次の予算の編成や執行に反映されることが，国の行財政活動を健全に維持していく上で極めて重要です。

　そこで憲法では，「国の収入支出の決算は，すべて毎年会計検査院がこれを検査し，内閣は，次の年度に，その検査報告とともに，これを国会に提出しなければならない」（日本国憲法第 90 条）と定められており，会計検査院法では会計検査院の組織や権限が規定されています。

　また，検査院は，このほかに国有財産，国の債権・債務，「国が出資している法人」や「国が補助金等の財政援助を与えている地方公共団体」などの会計を検査しています。

　検査院は，このような重要な機能を他から制約を受けることなく厳正に果たせるよう，国会および裁判所に属さず，内閣に対して独立の地位を有しています（日本国憲法第 90 条，会計検査院法第 1 条）。

## （2）会計検査の観点

検査院では，次のような観点から検査が行われています。

① 決算の表示が予算執行などの財務の状況を正確に表現しているか（正確性）

② 会計経理が予算，法律，政令などに従って適正に処理されているか（合規性）

③ 事務・事業の遂行や予算の執行がより少ない費用で実施できないか（経済性）

④ 業務の実施に際し，同じ費用でより大きな成果が得られないか，あるいは費用との対比で最大限の成果を得ているか（効率性）

⑤ 事務・事業の遂行や予算の執行の結果が所期の目的を達成しているか，また，効果を上げているか（有効性）

さらに，これらの観点について，公共工事の分野では，次のように具体的に例示されています。

① 工事の設計は所要の安全を確保した適切なものとなっているか，また，工事が設計どおりに施工されているか（合規性）

② 工事の契約額が割高になっていないか（経済性）

③ 事業の計画や工事の施工計画が不経済，非効率なものとなっていないか（経済性，効率性）

④ 構造物の設計が，不経済，非効率なものとなっていないか（経済性，効率性）

⑤ 事業が遅延して投資効果が未発現となっていないか，建設した

施設や設備が，所期の目的に沿って利用され効果を上げているか（有効性）

⑥　建設された施設が，その後の管理運営などの側面から利活用が図られているか（有効性）

## (3) 工事検査の主な着眼点

工事検査は，先ほど述べた（2）の観点により工事の計画，設計，積算，施工，効果に至るまでを対象として実施します。そして，積算を除く各段階における主な着眼点を挙げると次のようになります。

①　計画は，客観的で合理的な背景や根拠に基づいているか。要求する性能などは目的や効果を達成するために必要な事項を的確に把握して反映しているか。その目的や効果は，明確かつ適切なものとなっているか。また，その計画の背景および必要性などの状況は，現在においても同様か。さらに，施工時期，施工箇所は適切か。類似の工事の効果が出ていなかったり，関連工事との調整不十分などのため，計画当初の目的を達していなかったり，非効率になっていないか。

②　設計は，計画の要求性能を踏まえず，過大に必要以上の規模や規格となっていたり，または過小となっていないか。構造計算などは，関係法令や基準などのルールに基づき，現場条件などを反映して適正に行われているか。これらのルールによらず不安定なものとなっていないか。さらに，完成後の効率的で経済的な維持管理を考慮した設計としているか。

③　契約は，関係法令などに基づき適正に行われているか。必要のない増額変更を行ったり，本来，別途に契約すべきものを変更契約としていないか。また，一括契約とすべきものを分割契約として不経済となっていないか。

④　施工は，設計図書どおりの出来形で完成しているか。監督，検査が不十分なために設計と相違して完成させたことで不安定なものとなっていたり，出来高が不足したりして工事の目的が不達成となっていないか。

⑤　完成した工事は，計画どおりに目的を達成し，効果を上げているか。計画後に状況の変化などがあり，必要性や規模などを見直す必要があったのにもかかわらず，これに的確に対応せず当初計画のままとし，未利用や低利用となるなど投資効果が発現されず，所期の目的が不達成となっていないか。また，これについて改善し利活用を図るための対策を取らずに放置していないか。

## （4）積算検査のポイント

### ◆数字を読む

　工事の積算検査は，主に合規性，経済性の観点から，工事の着手から完成に至るまでの一連の工程に関わる費用の流れについて，積算書の各費用を構成する「数字を追う」のではなく，「数字を読む」ことにより検査が行われます。

　予定価格は，そのあり方について，関係法令などで次のように定められています。

すなわち，予定価格は，国の場合は，予算決算及び会計令（以下，予決令）第80条第2項に「取引の実例価格，需給の状況，数量の多寡，履行期間の長短などを考慮して適正に定めなければならない」と規定されており，地方自治体などの場合は，地方自治法などに関連する定めがあります。また，公共工事の品質確保の促進に関する法律の一部を改正する法律（以下，改正品確法）においては，近年の公共工事における喫緊の課題を反映し，担い手の育成，確保のための適正利潤の確保などを目的として，第7条（発注者の責務）第1項第1号に「経済社会情勢の変化を勘案し，市場における労務及び資材等の取引価格，施工の実態等を的確に反映した積算を行うことにより，予定価格を適正に定めること」と規定されています。

　そのため，積算検査では「予定価格の内容は，関係法令などに基づいているか」「工事の着手から完成までの積上げの流れは，筋が通るのか」という視点から，積算書の数字が読み込まれていきます。これが「数字を読む」という意味です。

　予定価格の根拠となる積算書は，関係法令が規定するとおり，品質や安全の確保などを目指し，これを適正な工期で完成させることとして，健全な市場価格または説明のできる価格で構成されていなければなりません。

　そして，積算書とはいわば工事が完了するまでに必要な金額の説明書であり，内訳をみると各費用は，仕様書，設計図書，施工計画書などの前提や条件だけでなく，各工種の施工フローに沿った積算上のルールや係数を定めた基準類に基づいています。さらに，発注時の資材や職種別の実例価格，市場価格なども反映した上で必要な金額が算

定され積算書がつくられています。

　各費用は，工事の着手から完成するまでの現場の環境，現場条件，必要な技術，工法の選定，設定工期，また，この間に予期できなかった事情などによって変動することになりますが，積算検査では，積算の前提条件やと実態などの全体的な事実関係については，契約書，施工計画書，仕様書，設計図書，施工写真，現地検査などにより確認，使用機械の作業能力や適用歩掛については，工種ごとの積算の基準・要領，歩掛表などだけでなく，施工実態および現場条件と適用歩掛および適用係数などについても確認します。さらに，採用価格や単価の根拠，数量計算，各種計算の正確性などを確認するほか，施工中の現場指示や請負者からの申請，申し出，作業日報，監督日誌などの内容，資材購入伝票，出荷伝票，使用伝票類による検査も行っています。

　つまり，全体として「言ってることと，行ってることが違っていないか」「必要なものが必要な分だけ計上されているか」「実際の施工条件や現場実態，資材の使用実態，取引価格の実態などと乖離していないか」といった観点で積算書の費用構成の全体を掘り下げて検査していくのですが，積算の骨組みの根拠となる歩掛などは工種ごとに体系化され，施工パッケージとなっている工種などもあることから，具体的な工種についての積算検査のポイントはそれぞれの工種で異なっており，積算書全体の費用構成について詳細な検査を行うとすれば相当の時間を要します。

　このため実際の積算検査では，より効率的な検査を行うこととして，金額的に目立つ費用などを優先して選定したり，工事の全体の規

模,現場の条件,採用工法,工期などを勘案し,全国の公共工事の検査経験で蓄積した標準的な費用および価格構成やグロス単価などをゲージとする「相場勘」により数字を読み込んで,

① 積算書の費用と価格構成は標準的な構成からみて逸脱していないか。また,バランスを欠いていないか。

② 積算書の費用と価格構成の内訳は,全国平均のt当たり,$m^2$当たり,$m^3$当たりなどのグロス単価と比較すると割高となっていないか。

などの観点から検査対象項目の絞込みを行います。そして,対象となった費用などについては,施工計画書,仕様書,現場条件,作業条件,施工写真などとの整合性の確認も行いながら,積算検査を進めることになります。

### ◆積算検査の内容

積算検査の具体的な内容は工種ごとに異なりますが,基本的なポイントの例を示すと次のようになります。

① 積算システムにおける入力条件や入力内容は正確か。現場条件,作業条件,工種,工法選定に誤りはないか。

② 工法の選定や適用基準,適用歩掛,使用機械の選定と採用機械損料,採用単価に誤りはないか。

③ 歩掛や係数の補正は,基準などに基づいているか,現場実態,作業実態などを的確に把握して補正しているか。歩掛表の適用上の注意点を見逃していないか。複合作業の歩掛となっているのに別項目で二重に計上していないか。さらに特殊作業,特殊条件に

よる手当は現場実態，作業実態を反映しているか。

④　数量は設計図書などに基づき正確に算定しているか。数量の割増し，補正は基準類に基づいているか。実際の数量と比べて相違はないか。

⑤　施工機械の機種の選定，組合せ，作業能力の算定は，工事規模，現場条件，工期に適合した経済的なものとなっているか。これらに基づくサイクルタイムは正確か。また，機械施工とすべきところを人力施工としたり，小規模工事に規格の大きな機械を使用することとして不経済となっていないか。

⑥　使用機械の編成と主要な機械類は，現地の条件や施工の実態に適合しているか。また，機械の損料補正などは，現場実態を反映しているか。

⑦　資材の選定は，図面，仕様書などに基づいているか。また，必要以上に高規格の材料を使用することにより，全体として不経済な設計・積算となっていないか。

⑧　積算で採用した資材などの単価や価格は，実勢価格が反映されているか。特定調査機関の物価資料の掲載価格のみを採用して過大になっていないか。掲載価格があるにもかかわらず，特別調査を繰り返したり，特別仕様として価格の引上げを行っていないか。調査機関の物価資料の掲載価格間に価格差が生じた場合の処理は積算基準などの定めに基づいて行われているか。資材価格は実際の購入価格と比べて相違はないか。価格は，取引数量，搬入場所，搬入条件などを考慮した適切なものとなっているか。

⑨　客観的な根拠に基づき，見積りは適正な価格構成となっている

## 第5章　会計検査制度と積算

か。競争や比較をせず，特定の業者やメーカーの価格のみを採用していないか。

⑩　仮設は適正な規模となっているか。工程表などからみて，必要以上の存置期間を算定していないか。施工手順や回転数を適切に反映しているか。

⑪　施工時期は適切か，工期の設定が適切でなく，緊急施工や冬期施工などの事態が生じたことにより，歩掛や損料などの割増しや係数の補正を行うこととなっていないか。

⑫　設計変更では，工種の追加，工法の変更，数量の増減などの内容が関係積算項目に正確に反映されているか。また，工事費の増減に伴う経費率などの変更は適正か。賃金や物価変動に基づく請負代金額の変更に関するスライド条項（公共工事標準請負契約約款第25条）の運用は適切か。そして，これらは改正品確法の規定に基づいているか。

⑬　経済性を考慮して関連する他の工事と一体として発注せず，分割発注し，不経済となっていないか。また，機器の調達と据付けが一体となっている工事を分割発注したことによって，不経済となっていないか。

⑭　パテントは有効期限が切れていないか。パテントを必要とする合理的な根拠はあるのか。ほかにパテントを使用せずに実施している工事はないか。パテント料金は適正か。

⑮　技術革新の現況や現場実態などと乖離していないか。特に，技術革新に伴う新製品の流通形態や新型施工機械の普及実態などと乖離していないか。

## 5-2 過大も過小も誤り，違算の防止に向けて

### (1) 過大も過小も誤り

　会計検査院には，「検査院は過大ばかり指摘していますが過小は問題にしないのですか？　過小だって積算の誤りじゃないですか」といった声がよく寄せられますが，いわれているように過小も誤りです。

　過小に積算することは，単に積算の誤りという事態にとどまらず，予定価格の信頼性を損ない，品質や安全の確保はもとより，関係業界の健全な発展や市場取引にも悪影響を与えるおそれがあります。また，この積算過小による予定価格は，入札不調による事業の停滞や，ダンピング受注と同様の事態を招くことにもなりかねません。その結果，関係法令や公共工事の目的にも反することとなり，検査院側にとっては，前述の積算の「あり方」とともに合規性などの検査の観点からも見逃せない事態といえます。

　ただ検査院は，主に国の会計を検査・監督する立場上，積算過小だけを取り上げることはありません。積算過大を指摘する際に，積算過小があれば，それについても言及しています。例えば，不当事項としては，「過大もあれば過小もあるずさんな予定価格の積算を行って契約していた。その結果，過大分から過小分を差し引き，また，落札差額を差し引いたとしても，○○○万円割高になっており不当である」という記述の仕方をしています。

その事例を最近の建築,土木,解体撤去工事の 3 事例から紹介します。

## ［事例 1］ 車路面積を 190 倍計上

（2009 年度検査報告）　不当事項：積算過大,建築,工事数量

（工事概要）

　Y 検疫所は,2008 年度に中国産冷凍餃子による薬物中毒事案を受けて,輸入食品などの検査件数の増加に見合った検査室数を確保する必要が生じたことなどから,2008 年 12 月,Y 検疫所輸入食品・検疫検査センター宿泊室の検査室への改装,車路の新設などの工事契約を K 社と一般競争契約により契約額 1 億 3,398 万円で締結し施行している。

　そして,検疫所は,本件工事の予定価格の積算にあたり,直接工事費を 1 億 374 万円,共通費（共通仮設費,現場管理費,一般管理費等の合計）を 2,681 万円として,これらの合計 1 億 3,056 万円に消費税等 652 万円を加えて 1 億 3,708 万円と算定していた。

　厚生労働省では,建築工事,電気設備工事,機械設備工事などの積算は「公共建築工事積算基準」「公共建築工事共通費積算基準」などによるとされている。共通仮設費は直接工事費に共通仮設費率を乗じて算定した額に,共通仮設費率を用いて算定する費用に含まれない費用を必要に応じて加算することとされており,現場事務所の設置に関わる費用と廃材処分費（現場事務所費等）は上記の共通仮設費率により算定した額に含まれることとされて

いる。

（検査結果）

① 中庭基礎工事費は，検疫所中庭の車両の通行を可能とするために行われた車路工事の車路の面積を110 m$^2$とすべきところを誤って2万1,000 m$^2$としたことなどから，3,049万円過大に積算されていた。

② 共通仮設費は，工事の概算の見積書（根拠が明確でない直接工事費相当額）に適切ではない共通仮設費率を乗じて，その額に別途現場事務所費等を加算していたことなどから522万円が過大に積算されていた。

その一方で，直接工事費のうち，中庭基礎工事費を除く建築工事費等に計上すべき排気設備工事費，給排水設備工事費等を計上していなかったことなどから，建築工事費等が2,770万円過小に積算されていた。また，共通費のうち，現場管理費と一般管理費等については根拠が明確でない現場管理費率と一般管理費等率からそれぞれ算定したため，現場管理費と一般管理費等が169万円過小に積算されていた。

したがって，工事費を修正計算すると直接工事費は1億95万円となり，これに所定の率を乗じるなどして算定した共通費2,328万円と消費税等621万円を加えた工事費の総額は1億3,045万円となることから，本件契約額1億3,398万円はこれに比べて350万円割高になっていた。

この事例は，数量計算の大きな誤りや設備工事費の計上漏れなどが

あり，ほとんど積算書としての体を成しておらず，個々の積算の過大と過小を相殺した結果の指摘金額であり，設計図書などから積算書の流れを読むとチェックが行われていたとは信じがたい事態です。

［事例2］**鋼矢板工は陸上施工が可能**

（2009年度検査報告）　不当事項：積算過大，橋梁，鋼矢板工
（工事概要）

　A県O市は，2009年度に川に橋梁を新設するため，橋脚工，仮設工などを実施した。仮設工は，河道内に築島を設置して長さ13.5mの鋼矢板94枚を打ち込んで，埋戻し後に引き抜くなどする工事である。

　O市は，工事費の算定にあたり，鋼矢板の打込みと引抜きを台船上にクレーンを設置する水上施工とし，また，打込みは鋼矢板1枚当たり継施工を2カ所行うこととして打込みと引抜きに必要な費用を算出。これに鋼矢板の賃料を加えた鋼矢板1枚当たりの施工単価9万円に鋼矢板の施工枚数94枚を乗じて，鋼矢板工費を886万円と積算していた。

（検査結果）

　鋼矢板の施工は，築島を設置することとしているため，クレーンによる陸上施工が可能で，O市は設計図書でも陸上施工としていた。また，障害物がないことなどから，継施工を行わずに鋼矢板を打ち込むことが可能で，設計図面でも継施工を行うこととはしていなかった。

　したがって，施工方法を陸上施工とし，継施工を行わないこと

として適正な鋼矢板1枚当たりの施工単価と鋼矢板工費を算定すると，それぞれ3万円，338万円となって鋼矢板工費の積算額は548万円過大となった。積算過小となっていた薬液注入工費等236万円を考慮しても，工事費総額は6,208万円となり，全体の工事費はこれに比べて170万円割高となっていた。

この事例では，設計図書でも陸上施工として継施工せずに鋼矢板を打ち込むこととしているのにもかかわらず，この設計・施工計画とは異なった水上施工を前提とし，しかも，障害物を想定して2カ所の継施工を加算した積算を行い，また，薬液注入工費などは過小となっていたなど，どこを見て何を根拠に積算し，何をチェックしていたのかという事態です。

[事例3] **コンクリート殻処分費の積算を誤っている**

（2013年度検査報告）　不当事項：積算過大，建築，処分費
（工事概要）

　T局は，東北地方太平洋沖地震により分庁舎（鉄筋コンクリート造平屋建て，床面積254.0 m$^2$）などが被災したことから，施設解体撤去工事契約を一般競争契約により，契約額3,255万円で締結し解体撤去工事を施行していた。

　工事が「建設工事に係る資材の再資源化等に関する法律」の適用を受け，当該工事の受注者が分別解体などで生じた特定建設資材廃棄物の再資源化を行わなければならないことから，T局は，契約書に特定建設資材廃棄物の種類，再資源化をするための中間

処理施設の名称や所在地などを明記して，工事で生じる特定建設資材廃棄物の再資源化を行うよう定めていた。

　T局は，建設解体工事費など直接工事費に間接工事費を加えた工事原価に，工事で生じるコンクリート殻などの処分費1,126万円を加えるなど，予定価格を3,938万円と積算していた。このうち処分費については，分庁舎などの図面などから算出した処分量に，市販の積算参考資料に掲載されていた最終処分場でがれき類を処分する単価を乗じるなどして積算していた。

（検査結果）

　T局は，工事から生じる特定建設資材廃棄物の再資源化を行うこととしていたことから，処分費には，再資源化する中間処理施設においてコンクリート殻などを破砕処理する単価（1,617円/t）を用いるべきところ，誤って最終処分場でがれき類を処分する単価（11,800円/t）を用いるなどしていた。

　したがって，正しい処分費の単価を用いるなどして工事の予定価格を修正計算すると，ほかの項目で積算過小となっていた費用を考慮しても2,581万円となり，670万円割高になった。

　この事例では，契約書でも中間処理施設での処分を明示しているのに，積算では最終処分場で処分する単価を採用しており，積算書のチェックにおいて，誤っていることに誰も気が付いていない事態です。

　検査院では，税金の無駄使いとなる割高な契約となっていた事態を批難しましたが，予定価格を算出する根拠としての積算は，正しくあ

るべきとの考えの上，積算の過小についても注意を払って検査されています。そして，積算過小を確認した場合には，「過小は過大に通じる」という視点のもと，過大はないか確認していきます。「その埋合せをどこの費用で行っているか」との視点から精査していくと，過大が過小を超えていることに気付き，指摘に至ることもあります。

「過小は過大に通じる」というのは，逆もまた然りですが，過小だけが問題であれば，その額によっては，何回かの入札を繰り返すか，入札不調に至ることになります。しかし，過小があるにもかかわらず，入札にそれほどの混乱もなく通常に経過している状況だとすると，その積算過小を吸収してしまうほどの過大が別にあり，その結果，全体としては応札可能な範囲の相場を確保した姿の予定価格となっていて，通常の入札経過を見せた可能性があります。

つまり，積算過小があるのに，通常の入札経過で，その落札率，落札差額も特段のものがなければ，それは，過小を超える過大積算がどこかに潜んでいる可能性があるという疑いを持たせることになるわけで，過小だからといって安心はできません。

なお，積算過大の過大額の処理については，検査院では「実損」，つまり「実際に支払われた損害額」を求めることから，積算過大額が落札差額や積算過小額に対し少額である場合は，積算の過大はありますが，実際の過大な契約額や支払額には至っていないので指摘には至りません。しかし，積算過大額から落札差額や積算過小額と契約額を差し引いても差額がある場合は，これが実損となり契約額が割高と指摘され，これが返還額となります。

この割高と指摘された額の返還ですが，指摘による返還請求は発注

### 第5章　会計検査制度と積算

者に対して行っているのに，発注者が受注者に対して戻入を求めているケースがあります。

積算過大の場合，専ら発注者側の原因によるものであり，たとえ過大な積算により予定価格を設定して競争契約などにより契約に至った場合でも，出来形に関わる数量上の過大ではない限り，契約としては民法上も正式に成立しているので，受注者には発注者から戻入を請求される理由がありません。

ただ，発注者は，返還請求に応えることが実際には困難なため，契約約款の甲乙協議条項により処理を行っているのが実情と思われます。

### （2）違算の防止に向けて

公共工事が執行されるのは社会の健全な発展や雇用の安定などに多様な効果が期待されるものであり，そのための予定価格は常に適正な積算であることを求められます。過大や過小のない適正な積算を行うためには，積算担当者は，「何を，いつまでに，どのような条件と方法により完成させるか，そのための費用はいくらになるか」ということについて，「第三者に根拠を示して説明できること」を念頭に置いて積算を行う必要があります。

検査のポイントと裏腹になりますが，積算担当者は費用の構成と数字の流れの筋道について相場勘をもって積算書を読んでみてください。もちろん，相場勘は，多くの積算書を見て養う必要があります。

また，積算では，現場を必ず見てから施工計画書，仕様書，設計図

書などを確認し，それらの条件や前提が適用歩掛や施工パッケージなどの採用単価に適合するのか，歩掛や単価に現場を合わせようとしていないか，歩掛や単価の前提としている機械や工法は，現地では使用できない機械や工法となっていないかなど，実際の現場との乖離があれば，自ら考えて費用を組み立てる必要があります。つまり積算の体裁を気にするのではなく，実際の現場や客観的な根拠をもって第三者に合理的に説明できるかを意識してください。

このことについては，施工中の工事の動きにも注意が必要です。その事例を 2013 年度検査報告の港湾工事からご紹介します。

[事例 4] **直立消波ブロックの補修工費の積算が過大**

（2013 年度検査報告）　不当事項：積算過大，港湾，溶接費他
（工事概要）

　C 県は，K 港で不要となった直立消波ブロック計 272 個を C 港で護岸として再利用するために，吊金具設置工事等のブロック補修工事を事業費 2,026 万円で実施した。

　吊金具設置工は，ブロックを削孔した孔の中に円筒状の固着剤を入れ，その上から直径 25 mm のアンカー鉄筋を差し込んで固定し，アンカー鉄筋とアンカー鉄筋の形状に合わせて切欠きを設けた一般構造用圧延鋼材のプレートを溶接して，ブロック 1 個当たり 4 カ所に吊金具を取り付けることとしていた。県は，吊金具設置工費の積算にあたり，脚長 6 mm の突き合わせ溶接の施工単価を用いて溶接長 1.12 m（0.28 m×4 カ所）分の単価と直径 35 mm の材料単価を用いて算定した固着剤から，ブロック 1 個当た

りの吊金具設置工の施工単価3万円を算出。これに，ブロックの総数272個を乗じるなど，吊金具設置工費881万円と積算していた。

その後，請負業者から，施工性向上のため切欠きを設けないプレートをアンカー鉄筋に添えて，プレートの片面を溶接する方法に変更する旨の申し出があり，県は採用。吊金具1カ所当たりの溶接長を0.062m，脚長を12mmとし，ブロック1個当たり溶接長0.25m（0.062×4カ所）ですみ肉溶接を行えば必要な強度を十分確保できるとして，申し出の溶接方法による施工を指示した（図5-1）。

（検査結果）

県は，上記の溶接方法を請負業者に指示していたのに，吊金具設置工費の積算を見直さず，設計変更の措置を取っていなかった。また，設計図書によると，固着剤については，直径28.5mmのものを使用するところ積算にあたり，誤って直径35mmの材料単価を適用していた。

したがって，変更後の溶接方法に基づく溶接長，本来使用することとしていた固着剤の材料単価などを用いて，ブロック1個当たりの施工単価を算定すると，積算過小を考慮しても2万円となって吊金具設置工費は合計602万円となった。結果，積算額は279万円過大となり，工事費総額は1,674万円と算定され，工事費2,026万円はこれに比べて352万円割高となっていて不当と認められる。

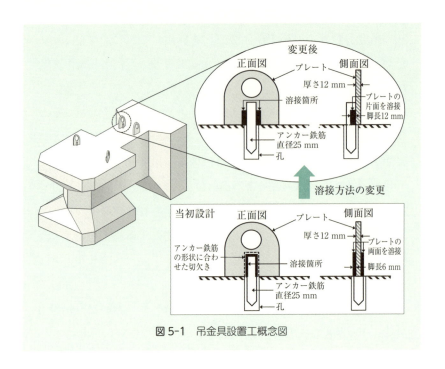

図 5-1　吊金具設置工概念図

　この事例では，請負業者から効率的な施工方法の申し出があり，発注者がこれを認め，強度の確認を行った上，現場で指示，また，積算とは異なる固着剤が設計図書に示され，設計図書どおりに施工しているのにもかかわらず，積算書を振り返らずに支払いに至った事態が示されています。

　積算の前提と実際が異なる場合の理由の一つに，企業努力によることがあります。検査においては企業努力が否定されることはありません。その努力は資材の調達から工法や仮設など多岐の分野にわたると思いますが，一般的な前提条件に対して実行されたことが企業努力なのか必然的なものなのかについては，品質や納期の確保，安全性など

も考慮しながら判断しています。

## 5-3　設計変更と落札率

### （1）設計変更と落札率の取扱い

　工事では何らかの理由により契約変更が生じます。その理由は，基本的には契約当初には予見できなかったことによるもので，現場条件や設計図書の変更，物価の高騰などさまざまなものがありますが，別途の契約をするわけではなく，現契約の変更で対処するものです。

　この契約変更には設計変更に伴うものがあります。設計変更は改正品確法第7条（発注者の責務）第1項第5号において「設計図書（仕様書，設計書および図面）に適切に施工条件を明示するとともに，設計図書に示された施工条件と実際の工事現場の状態が一致しない場合，設計図書に示されていない施工条件について予期することができない特別な状態が生じた場合その他の場合において必要があると認められるときは，適切に設計図書の変更及びこれに伴い必要となる請負代金の額又は工期の変更を行うこと」と規定されています。

　そして，「蓋を開けてみたら話が違う」「示されていない条件について予期しなかった事態が起きた」などといった現契約を変更して対処する場合についても，現在，改正品確法を反映した設計変更ガイドラインなどが各発注機関から示されています。また，設計変更についても，従来は当初契約の落札率を適用するなどして変更額とされてきま

したが，現在では，これまでの課題が見直されてきているところです。過去にはその適用を受けると，落札率の大きさによっては納得のできない請負代金となることから，別途の契約を締結したように偽装してしまい，これが発覚した不幸な事例も見受けられました。

　各発注機関が示されている設計変更ガイドラインの落札率の取扱いについてみると，基本的には，当初の契約時点より組み込まれている工種には落札率を考慮することとしています。一方，単価合意しているものや当初の契約内容と大きく相違するものの当該工事と切離しができないなどの関連性があるため別途契約とせず新たなものを追加する場合には，落札率を考慮しないこととしています。

## （2）設計変更についての見直し

　また，上記に加え国土交通省では，2016年3月に「総価契約単価合意方式実施要領」を定めて，同年4月1日以降に入札手続きを開始する工事から適用，その後，次のような見直しが行われています。設計変更に伴うこれまでの課題などについても，適宜，改善のための見直しなどが進められてきているところです。

①　単価合意方式によらない課題

　共通仮設費をまとめて1つの合意単価としていたため，新規で共通仮設費（積上げ分）や業務委託料を計上した場合，当初合意率が予定価格に反映されてしまっていたが，新規の共通仮設費（積上げ分）や新規の業務業種が追加された場合，施工体制が異なるものとみなし，当初合意率を反映せずに官積算額で計上する。

## 第5章　会計検査制度と積算

② 単価包括合意方式の課題

指定部分などの引渡し後に変更を行うことによって引渡し部分の合意単価が精算済みにもかかわらず変更されてしまっていたが，変更時において，合意済み単価が変更されないように改定するとともに，手続きフローを見直す（本官，分任官ともに同一フローとする）。同時に「単価包括合意方式」を「包括的個別合意方式」に改名。

③ 複数年にわたる通年維持工事の変更積算方法

維持工事は，実施内容や場所が発注時点で特定されておらず，ほかの工事に比べ長期間のスケールメリットが薄いことや会計上においても単年度精算を行っているため，年度をまたぐ国債工事であっても単年度ごとに積算して予定価格を作成する方式に変更。また，変更時の積算においては直近の合意率を用いて行うが，次年度の1回目の変更時の積算は，契約当初の合意率を用いて積算を行い，以降，直近の合意率を用いるものとする。

これらの事項にあることを受けて，設計変更に伴う積算にあたっては，これらの改定や見直しを注意深く適用して適切な積算を行い，改正品確法の目的に資する必要があります。

なお，国土交通省では，2017年度の国土交通省土木工事・業務の積算基準等の改定を行い，「i-Constructionの更なる拡大に向けた基準の新設」や「共通仕様書等の改定」のほか，「（改正）品確法を踏まえた積算基準の改定」において，次のような事項についての新設や見直しなどを行っています。

・1日未満で完了する小規模施工時の積算方法の新設
・交通規制補正の見直し

- 市場単価の一部廃止
- 現場環境改善に関する経費の見直し
- 施工箇所点在型積算の標準化
- 被災地における間接工事費の補正
- 土木工事標準歩掛
- 施工パッケージ型積算方式に関する歩掛・標準単価
- 電気通信編の改定
- 機械設備編の改定
- 設計業務等の標準歩掛改定等について
- 電気通信施設設計業務積算基準の改定

## 5-4　現場と市場を反映した適正な積算と適切な説明を行うこと

　会計検査の審査が厳しいことで弊害が起きているという意見も一部あるようですが，決してそうではありません。

　会計検査については，国の財政監督機関としての会計検査院の法的な責務がある以上，国の予算を執行するための予定価格の積算の妥当性などを法令類に基づき厳正に検査するのはもちろん，その妥当性，適正性を証明する根拠が必要となります。

　会計法の上限拘束性については，予算は財政法の定めるところにより国会の審議を経るなどして予算の統制の下に配賦され，その執行は会計法や関係法令に基づいて行われなければならないことによるものとされています。また，予算額については，予算編成時に要求する

ベースが概算要求時の実勢価格や執行実績などによることから，予算執行時点の実勢価格などと概算要求時点の実勢価格などに差異が生じる場合は，これが当該年度の予算の上限となり予定価格を拘束する要因の一つになることも考えられます。

　しかし，現在では会計法の予定価格の上限拘束性などはあるものの，2005年には公共工事の品質確保の促進に関する法律（以下，品確法）が制定され，2014年には改正品確法が公布・施行されており，設計変更についても，その実効性を確保するため，設計変更ガイドラインを示すなどのさまざまな取組みが行われてきているところです。

　予定価格の積算にあたっては，受検者は説明責任があるため，どうしても説明しやすい根拠を用いて積算を行おうとしてしまうことがあります。関連する法律などが整備されていることも踏まえ，現場と市場を反映した適正な積算を行うこととし，根拠などについても，積極的に適切な説明を行うこととして整理する必要があります。そして，会計検査に際しても，正々堂々とこれらに軸足を置いた説明を行うことが重要となります。

　会計検査とは，多方向からの質問とこれに対する回答や根拠の証明により予定価格の積算の妥当性，適正性を確認することが目的です。受検する側の「言えばさらに説明と根拠を求められて面倒だ」「なるべく検査時間を少なくしたいし，説明も在るもので済めばこちらの責任にはならない」などの回避行動による積算や，「検査院に通らないからやらない」といった不作為は，本来の適正な積算を損なうものであり，改正品確法などの趣旨にも反するものです。

　積算は，一般的には標準的な業者が標準的な工法などで行うことを

前提とする歩掛などを適用することとなっているため，その積算の合理性と実際との乖離は検査の内容として加味されています。また，工事は，着工してみないと予期できないことも多々あり，設計変更などが生じることも検査にあたっては想定内のことであり，これらの前提や条件において，積算に取り組む姿勢も含めて調べています。

したがって，予定価格の算出には，現場と市場を反映して，誰にでも説明できる根拠に基づく筋道の通った適正な積算を行い，これについて積極的に適切な説明を行う，真摯な姿勢を心掛けることが重要です。

最後に，検査院の報告事項の中には，従来から技術革新などを把握し，現場での普及状況なども踏まえて，新しい技術や新製品の採用を提言するなどした結果，当局がこれを受けて処置を講じているものも多数あります。その中から設計の分野にはなりますが，新製品の採用を取り上げた経済的な積算につながる直近の事例の1つを2015年度検査報告から紹介します。

### [事例5] 橋梁等の補強等工事に使用する炭素繊維シートについて

（2015年度検査報告）　処置済事項：設計不適切，橋梁，炭素繊維シート

（工事概要）
　国土交通省は，国が行う直轄事業または地方公共団体が行う国庫補助事業として，橋梁などの構造物の補強または補修（補強等）工事を多数実施している。そして，鉄筋コンクリート製の橋梁などの補強の工法として，炭素含有率90％以上の繊維状の結

晶体をシート状にした炭素繊維シート（シート）を橋梁の床版，橋脚などと接着して一体化することにより，必要な強度を確保する工法（シート工法）が数多く採用されている（シート工法においてシートを橋梁等に接着する工事を「シート接着工」と呼ぶ）。

シートは，性能により高弾性シート，中弾性シート，高強度シートの各種に分類され，シートの種類と1 $m^2$ 当たりの炭素繊維の重量（目付量）とを組み合わせた複数のシートが製品化されている。そして，シート1 $m^2$ 当たりの単価は，一般的に，目付量が同じ場合，高価なものから高弾性シート，中弾性シート，高強度シートの順となり，また，シートの種類が同一であれば，目付量の多い方が高価となっている。

国道事務所や地方公共団体（事業主体）などは，鉄筋コンクリート床版などのシート接着工の設計については，『道路橋示方書・同解説』シリーズ（丸善出版発行）などにシートの選定基準が明示されていないことなどから，「炭素繊維シート接着工法による道路橋コンクリート部材の補修・補強に関する設計・施工指針（案）」（以下，指針）を参考にするなどしている。また，鉄筋コンクリート橋脚のシート接着工の設計は「既設橋梁の耐震補強工法事例集」（以下，事例集）などを参考にするなどしている。

そして，指針および事例集（指針等）によれば，シートの種類，目付量，接着層数（これらを「シートの種類等」と呼ぶ）は，鉄筋コンクリート床版では，目付量300 g/$m^2$ の高強度シートを主鉄筋方向および配力筋方向にそれぞれ2層，計4層の接着を標準補強量としてよいとされていたり，鉄筋コンクリート橋脚

の躯体を巻き立てる場合のシートは目付量 200 g/m² または 300 g/m² の高強度シートを標準として，必要な接着層数を決定することとされたりしている。

（検査結果）

13 事業主体が 2014，2015 両年度に実施したシート工法の補強工事 21 工事のシート接着工の設計（シート接着工費の積算額計 2 億 395 万円（直轄事業 10 工事計 1 億 4,165 万円，国庫補助金等計 3,375 万円を含む補助事業 11 工事計 6,229 万円））で，事業主体は必要な強度を確保しているものの，指針等で標準補強量などとされているシートの種類などを画一的に用いるなどしていた。鉄筋コンクリート床版に目付量 300 g/m² の高強度シートを主鉄筋方向と配力筋方向にそれぞれ 2 層，計 4 層接着したり，鉄筋コンクリート橋脚に目付量 200 g/m² または 300 g/m² の高強度シートを選定したりすることを標準とするなどしていた。

また，10 事業主体が実施した 14 工事のシート接着工の設計（シート接着工費の積算額計 7,477 万円）で，事業主体は，必要な強度を確保しているものの，シートの特性を考慮せずに高価な種類を選定したり，種類は適切であっても過大な目付量のシートを選定したりなどしていた。

しかし，近年はさまざまなシートが製品化され，高強度シートは積算参考資料[注]に目付量 200 g/m²（4,130 円/m²）および 300 g/m²（同 6,190 円/m²）以外に，400 g/m²（同 7,350 円/m²），450 g/m²（同 7,725 円/m²）および 600 g/m²（同 9,975 円/m²）といった目付量の多い製品も掲載され，使用実績も多数に上っている。

そして，鉄筋コンクリート製の床版，橋脚などの補強工事で不足する鉄筋量を補うための必要なシートの断面積は，シートの種類が同じであれば目付量にほぼ比例することから，事業主体は，シート接着工の設計にあたり，指針などで標準補強量などとされているシートの種類などを画一的に選定することなく，より目付量の多いシートを選定して接着層数を少なくすることで，より経済的な設計とすることができた。

また，シートの種類と目付量とを組み合わせた複数の種類のシートが製品化されていることから鉄筋コンクリート製の床版，橋脚などの補強工事では，事業主体は，シート接着工の設計にあたり，高い引張強度を有する高強度シートを優先的に用いるなど，シートの特性を考慮した上で適切なシートの種類や目付量を選定すべきであった。

このように，事業主体ごとにシート接着工の設計にあたり，指針等で標準補強量などで示されるシートの種類から画一的に選定して用いていたなど，経済的なシートの種類などの組合せとなっていなかった事態は適切でなく，改善の必要があった。

(低減できた積算額)

21工事と14工事の計35工事のシート接着工の設計（シート接着工費の積算額計2億7,873万円）について，必要な強度を確保した上で，シートの種類や目付量を適切に選定するなどして，シートの種類などを適切に組み合わせて修正設計すると，シート接着工費の積算額は計2億567万円となり，シート接着工費の積算額を直轄事業で5,050万円，補助事業で2,240万円（国庫補助

金等1,296万円)をそれぞれ低減できた。

(改善の処置)

　国土交通省は,2016年9月に地方整備局などに通知を発して,シート接着工の設計にあたっては,必要な強度を確保した上で,シートの種類の特性などを十分踏まえ,種類などの組合せをより経済的なものとするよう検討すること,検討にあたり指針などを参考とする場合には,これらを画一的に用いることのないように留意することを周知徹底するとともに,地方整備局などを通じて都道府県などにも同様に助言する処置を講じた。

(注) 2016年3月時点の積算参考資料の掲載単価

**参考文献**

・会計検査院事務総長官房調査課:会計検査のあらまし―平成28年会計検査院年報―,2017
・市川啓次郎.芳賀昭彦:改訂11版公共工事と会計検査,経済調査会,2015

■■ Column 7 ■■

## 新技術と会計検査

「新技術が普及しないのは会計検査院がうるさいからだ」,「新技術を採用すると会計検査での説明が大変だ」など,新技術の採用について検査院が否定的な検査姿勢で臨むためか,せっかくの新技術が普及しない原因のようにいわれているようですが,これはとんでもない濡れ衣です。

検査院の調査官は,よいものがあれば,どんどん取り入れようとするはずです。ただ,検査では,なぜ新技術かということについて,納税者にその適正性,妥当性などを説明する必要があるのでさまざまな確認を行います。その際には,新技術を採用する理由,根拠を中心に,「①従来技術と比較して,より経済的になるのか,②工事費が従来と同程度またはある程度増加する場合,それに見合って品質や安全性が向上したり,工期の短縮が図られたりするのか,③工事費の積算根拠はあるのか,その根拠は誰が証明できるのか,その根拠に客観性は確保されているのか」などといった確認が行われるため,受検側は辟易してしまうのでしょう。しかし,新技術を説明する絶好の機会ですからここは絶対採用してもらいたいという"積極的"な説明をすべきではないでしょうか。及び腰の説明や逃げの説明に終始すると,その自信のなさに逆に不信感を抱かれ,思わぬ展開になってしまうことがあります。

わが国は,技術立国であり貿易立国です。天然資源は乏しく,唯一誇れる資源があるとすれば,それは勤勉で優秀な国民であり,その国民がさまざまな分野の研究,開発などに不断の努力を重ねて世界に冠たる技術立国としてきました。

検査院の調査官も,その国民の一人です。どうか,自信をもって新技術の説明をしてください。必ず納得して応援してくれるはずです。

(芳賀昭彦)

# 第6章

# 米国における公共事業の段階的積算システム

（第6章のあらまし）

　米国において土木工事を中心とした主な公共事業は，段階的な実施システムに沿って進められます。公共事業関係者は，「より良く計画された事業は，より経済的に建設される」(The better planned, the more economically built) との考えのもと，事業の「準備段階の事業計画と事業費積算」を「工事段階の工事費積算および入札・契約」と同様に重視しており，公共事業は一貫性を有する段階的プロセスを踏んで実施されています。連邦政府予算による，土木工事を中心とした主な公共事業には，「水資源開発法」(Water Resources Development Act) に基づき米国陸軍工兵隊 (USA Army Corps of Engineers) が事業実施機関となる「河川／海岸の活用・保全事業」（以下，河川関連の公共事業）と運輸省連邦道路庁 (Federal Highways Agency) の連邦補助道路計画 (Federal-Aid Highway Program) に基づく補助金で，州政府あるいは地方自治体が事業実施機関となる「道路関連の公共事業」があります。

　ここでは，事業準備段階における計画，事業費積算，積算レビューを中心に，河川関連と道路関連の2つの分野についての米国の公共事業の段階的実施プロセスを紹介します。

# 第6章 米国における公共事業の段階的積算システム

## 6-1 米国の土木工事を主体とする公共事業

### （1）河川関連の公共事業

　河川関連の公共事業には，水運航路と閘門，ダム，堤防，港湾，海岸涵養などの計画，設計，建設，維持管理および水力発電，屋外リクリエーション施設ならびに湿地帯の創設と復元による生態系の回復などの環境保全が含まれます。

　河川関連の公共事業の根拠法である水資源開発法の主な目的には，連邦議会が国内の水資源の保全や開発，災害防止などを行うため，国防総省内で工兵隊を指揮する陸軍長官に主要な河川と海岸の有効活用，災害防止，港湾の改善などの土木事業の実施権限を付与することにあります。

　したがって，2年から数年の間隔で制定される新たな水資源開発法の主な条項には，連邦議会が工兵隊による実施を承認した新規事業（Projects）の名称，事業内容，事業費，連邦政府と受益者間の費用分担割合などに関するものが記載されることになります。なお，ここでの受益者とは，州政府，地方政府（郡，市），あるいは住民団体などを指します。

　水資源開発法による河川関連の公共事業では，受益者から事業実施要請を受けた工兵隊が事業実施機関となります。事業の受益者は関連法令に基づき工兵隊から事業費の分担を求められることから，ここでは事業要請者，すなわち受益者を「地元スポンサー」と称します。

## （2）道路関連の公共事業

　米国の道路網は，州際高速道路と一般道路（州道や郡道，市道といった地方道）で構成され，総延長は約 668 万 km に及びます。現在，これらのうち州際高速道路（約 7 万 6,300 km）と一般道路（約 660 万 3,700 km）から選定された主要道路（約 28 万 5,900 km）が国家幹線道路網（National Highway System）に指定されています。

　連邦道路庁の補助金の対象になっているのは，この国家幹線道路網上の道路と，国家幹線道路に指定されていないものの比較的重要な一般道路（126 万 5,000 km）です。連邦補助を受ける道路事業では，連邦道路庁から補助金を受けた州政府交通局あるいは州政府交通局を経由して補助金を受ける地方政府が計画，設計，建設，維持管理を行います。ただし，連邦補助金の適正かつ効率的な執行を図るため，連邦道路庁が事業の採択，計画，設計，施工に関して承認，助言などを行い，事業実施に関与します（6-2（2）参照）。

　連邦補助道路事業予算は，連邦議会が 2〜6 年程度先までの道路特定財源を見通して定める中期道路事業計画（現行は，2012 年制定の「Moving Ahead for Progress in the 21st Century Act：MAP-21」）の一部として承認されます。したがって，連邦道路庁は連邦議会による会計年度ごとの予算承認を待つことなく，連邦補助道路事業に着手することができるようになっています。なお，事業内容により異なりますが，連邦政府の補助率はおおむね 80% 前後になっています。

第 6 章　米国における公共事業の段階的積算システム

## 6-2　公共事業の段階的実施プロセス

### （1）河川事業の実施

◆段階的実施プロセス

　工兵隊が水資源開発法に基づき実施する河川関連の公共事業は，当該事業を希望する地元スポンサーの要請に基づき実施されます。したがって，連邦政府機関である工兵隊が事業を実施するためには，大統領府行政監査・予算庁との協議，連邦議会による事業・予算の承認に加え，地元スポンサーと事業内容，実施方法，事業費について合意する必要があります。事業に要する費用は工兵隊（連邦政府）と地元スポンサーが分担しますが，その分担率は水資源開発法で定められます。

　工兵隊は，図 6-1 に示すように，まず，事業プロセスを事業形成度に応じて下記の 4 段階（Stage）に区分した上，事業実施で必要となる主要作業により 11 ステップ（Step）に細分しています。

・基礎調査段階（Stage 1：Reconnaissance Study）
・可能性調査段階（Stage 2：Feasibility Study）
・技術調査[注]・設計段階（Stage 3：Preconstruction Engineering and Design）
・工事段階（Stage 4：Construction）

（注）技術調査は設計用の測量，地質調査，設計方針検討，概略設計などを含む。

　なお，2007 年制定の水資源開発法により，工兵隊には各ステップ

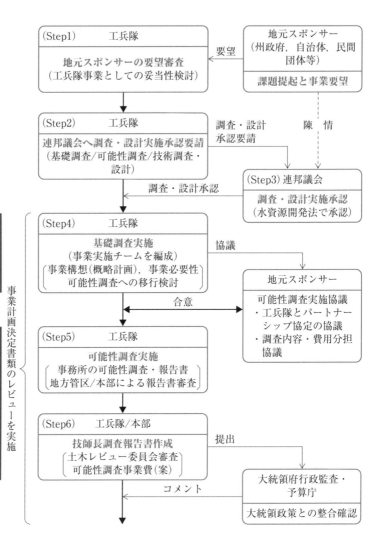

第 6 章　米国における公共事業の段階的積算システム

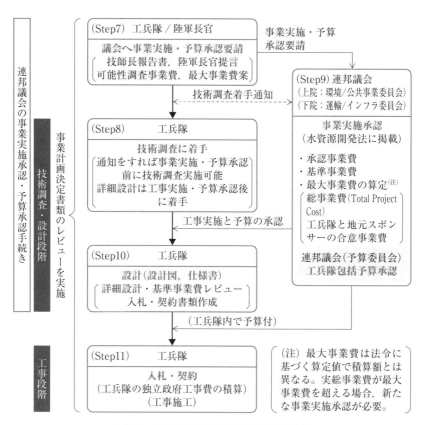

図 6-1　河川関連事業の段階的実施プロセス

において事業計画決定書類，それらの書類を活用して得られた成果品の適正，妥当性を検証するためのレビュー（Review）が義務付けられています（6-3 参照）。

◆ **段階別の主要業務**

　工兵隊による河川関連の公共事業で段階的実施プロセスを構成する各ステップ（Step）における主な作業項目と内容は次のとおりです。

①　地元スポンサーの要望審査（Step 1）

　工兵隊による新規事業の必要性は，水資源開発法に基づき工兵隊の所管事業で解決すべき問題を抱える地域の地元スポンサーから，工兵隊へ課題解決の支援を要望することにより発生します。まず地域を所管する工兵隊地方事務所は，要望を審査して受理，非受理を決定します。受理すると，工兵隊は連邦議会の事業承認と予算配賦を受け事業を実施します。なお，連邦議会の事業承認は，調査・設計実施承認と事業実施・予算承認に分けて行われます。

②　連邦議会へ調査・設計の実施承認要請（Step 2）

　工兵隊は所管の地方事務所，地方管区，本部を経由して，連邦議会に調査・設計（基礎調査，可能性調査，技術調査，設計）の実施承認要請を行います。

③　連邦議会による調査・設計の実施承認（Step 3）

　連邦議会による調査・設計の実施承認は，おおむね数年間隔で制定される新たな水資源開発法に組み込まれて確定します。ただし，その際に承認される予算は基礎調査に関する費用のみです。

④　基礎調査の実施（Step 4）

　新たな水資源開発法で承認された新規事業の基礎調査は，事業地域の担当である地方事務所に所属する各種専門技術者を中心にして編成される「事業実施チーム」によって行われます。チームには必ず積算技術者を加えるとともに，必要に応じてほかの部署の職員，民間コン

サルタントの参加を求めることができます。

また，可能性調査に結びつけるため，基礎調査では次の事項が行われます。
- 連邦政府が可能性調査に関与すべきかどうかの判断。
- 各種の事業構想案の作成と概算事業費の算定，各構想案について政策，コスト，便益，環境影響面での工兵隊にとっての利害評価を行い，最適事業構想案の選定。
- 工兵隊は，詳細な調査（可能性調査）が必要と判断した場合，今後の事業管理計画を作成し地元スポンサーと協議。
- 水資源開発法に定められた基礎調査報告書の作成。
- 地元スポンサーの関心と支援意欲，可能性調査費，工事費の分担意向の確認。
- 工兵隊地方事務所と地元スポンサーによる可能性調査費の分担合意。

⑤　可能性調査の実施（Step 5）

連邦議会による事業実施承認と予算承認は，主に可能性調査段階の事業計画と事業費積算の結果で決定されます。このように重要な位置付けとなる可能性調査では，基礎調査の結果を踏まえ下記の業務が行われます。
- 実現の可能性がある各種事業計画案の作成。
- 各種事業計画案をコスト，便益，環境面から比較して最適事業計画を選定。
- 最適事業計画についての概略設計。
- 概略設計に対する時価の一次積算事業費（Project First Cost）

と，それに概略設計の精度に伴うリスクに対する予備費を加えた可能性調査積算事業費を積算時点の時価（以下，可能性調査積算事業費）で算定。
- 可能性調査事業費に事業実施期間内の物価上昇額を加算して算定する基準事業費（Baseline Cost Estimate）の決定。
- 地元スポンサーと事業内容，事業費についての協議。
- 可能性調査報告書を作成し，担当地方事務所以外のスタッフにレビューを要請（6-3参照）。

工兵隊では適正な可能性調査事業費を算定するため，工兵隊の技術基準「土木事業の技術調査と設計」（ER 1110-2-1150）において，概略設計，事業費算定に関する詳細規定を設けています。下記はその規定の一部です。
- 概略設計と可能性調査事業費の算定は，既存の地形図を利用して行う。
- 可能性調査事業費の算定精度は，事業実施段階で基準事業費の大幅修正が必要にならないレベルとする。そのため，必要であれば概略設計前に補足測量を実施する。
- 可能性調査事業費には用地費，工事費，計画・設計費，事務経費などを含める。
- 積算時点の資料・データ不足による過少積算リスクに対する予備費を算定する。

⑥ 技師長の調査報告書作成（Step 6）

工兵隊本部は，地方管区から送付された可能性調査報告書について下記のレビューを行った後，技師長調査報告書（Chief of Engineers

## 第6章 米国における公共事業の段階的積算システム

Report）を作成します。

- 可能性調査報告書のレビュー

  レビューは，委員長である土木事業・緊急対策司令副司令官と，土木事業計画・政策課長を含む6名で構成される土木事業レビュー委員会が行います。

- 技師長調査報告書の作成とレビュー

  技師長調査報告書案は，土木事業レビュー委員会が可能性調査報告書を承認した後に作成され，大統領府行政監査・予算庁のレビューを受け，必要があれば所要の修正を加えて最終報告書とされます。

⑦ 連邦議会への事業実施・予算承認要請と陸軍長官の提言（Step 7）

工兵隊から連邦議会への事業実施承認要請は，工兵隊陸軍長官が事業実施推薦状（Recommendations）を提出することにより行われます。なお，推薦状には技師長調査報告書と，それに対する大統領府の行政監査・予算庁のコメントを添付することになっています。

⑧ 技術調査の着手（Step 8）

技術調査・設計（Preconstruction Engineering and Design）段階の技術関連業務には，工事前の技術調査（測量，地質調査，現地踏査，設計方針等）の実施と，設計（設計図，仕様書等）の着手があります。

⑨ 連邦議会による事業実施承認と承認事業費（Step 9）

連邦議会の関係委員会は，陸軍長官が技師長報告書と，行政監査・予算庁のコメントを添付して提出した事業実施推薦状を審議し，事業

承認の可否を決定します。承認の際には，承認事業費，承認事業費をベースとする最大事業費（Authorized Maximum Project Cost）の算定方法も決定されます。承認事業費とは，工兵隊の可能性調査段階で事業実施期間中の物価変動を考慮せずに積算される時価事業費です。一方，最大事業費は，通常のコスト積算とは異なり適正な事業計画の実現と予算超過を回避するための予算管理基準値といえます（6-2（3）参照）。

⑩ 設計（設計図，仕様書）に着手（Step 10）

Step 8で技術調査・設計が着手されますが，実際に実施されるのは技術調査のみで，「設計（設計図，仕様書）」の作成は，Step 9で連邦議会が事業実施承認をした後に行われます。この時点の設計は，独立政府工事費が連邦議会による承認事業費以内に収まるように行うことになっています（6-4（2）参照）。

⑪ 請負工事の入札・契約（Step 11）

工兵隊は工事を外注する場合，上記の設計で連邦調達規則36.203に定められた工事の入札・契約に活用する「独立政府工事費」（Independent Government Estimate of Construction Costs：IGEC）を積算した後，価格競争入札を行います。工兵隊は，最低入札価格を独立政府工事費と比較して妥当と判断した場合，その入札者と工事請負契約を締結します。ただし，合衆国法典第33編第624項では，河川・港湾の改良工事の請負契約金額は，工兵隊の独立政府工事費を25％以上超えることができないとされています（6-4（2）参照）。なお，その際の工兵隊の独立政府工事費積算には請負業者の利益を含まないことになっています。

## （2）道路事業の実施

### ◆段階的実施プロセス

　合衆国である米国の州政府交通局が所管する道路事業の実施プロセスは，各州独自の州法と行政規則によるため州ごとに異なります。ただし，連邦政府の予算補助を受ける道路事業（以下，連邦補助道路事業）の場合，連邦政府と州政府間で必要となるプロセスは全州でおおむね同じとなっています。

　ここでは，カリフォルニア州政府交通局（以下，カリフォルニア州交通局）を例にとってみてみます。カリフォルニア州交通局は，連邦補助道路事業の実施プロセスを下記の4段階（Stage）に区分しています（図6-2）。事業の規模と内容，適用法令の違いなどの理由によってはこの段階区分と異なったプロセスになることがあります。

　　・基礎調査段階（Stage 1：Project Scope Report）
　　・可能性調査段階（Stage 2：Project Study Report）
　　・事業計画段階（Stage 3：Project Report）
　　・設計段階（Stage 4：Plans, Specifications and Estimates）

　（注）カリフォルニア州交通局の段階区分名は，各段階でとりまとめられる報告書の呼称であり，ここでの日本語区分名は，各段階で行われる業務内容に着目し筆者が便宜上，名付けたもの。

　基礎調査，可能性調査，事業計画（Stage 1～3）では，技術調査に加え，各段階を通して統一したフォーマットにより事業費の積算が行われます。これによって，事業計画の形成過程を通して事業費の変動状況を的確に把握でき，予算管理が容易になります。また，道路計画

も最新情報で策定することが可能になることから，カリフォルニア州交通局の道路事業に対する説明責任能力が向上するといわれています。

**◆段階別の主要業務**

① 基礎調査段階（Stage 1）

基礎調査段階では，まず道路事業計画の検討に必要な基礎資料の収集，多様な事業構想を検討し，所要の道路機能を満たす事業骨格案がとりまとめられます。次に，骨格案に基づき多様な概略事業計画案の作成と概略事業費の算定が行われます。したがって，この段階の調査は次の可能性調査段階に進むための予備調査ともいえます。

そのため，この段階では事業計画の内容が概略であるだけでなく，積算に役立つ関連資料の収集も不十分な状態です。しかし，多額の費用を必要とする工種，例えば，公益施設の移転，大規模擁壁，大規模な環境対策，排水施設などの費用については，ある程度高い精度で定量的に積算することになっています。その結果，この段階の事業費は積算額に30〜50%の予備費を加算した額とされています。この積算は，主に事業の経済効果評価の資料として利用されます。

② 可能性調査段階（Stage 2）

この段階でカリフォルニア州交通局の事業マネージャーが任命され，調査費の支出が認められて，事業形成の具体的作業が始まります。その際，事業マネージャーは計画と設計だけでなく，必要に応じて排水，環境，交通，維持，用地などの部署に属するエンジニアの参加を求めて事業チームを編成することができることになっています。

また，この段階では事業規模，各種の代替比較案の作成，各代替案についての概略技術検討，事業積算，工程の検討などが行われ，この案には道路以外による対応策，道路の利用方法の改善による対応などが含まれます。次に各案を比較検討して実用的な複数の代替案を選び，設計図（平面図1/2,500〜1/5,000），事業費，工程，概略環境影響評価書などが作成されます。なお，本段階でまとめられる事業調査報告書が承認され，本格的な環境影響調査が始められるまでの間に，事業の影響を受ける地域を確認するのに必要である詳細な道路の平面形状と所要用地幅を示す平面図が作成されます。

　この可能性調査段階の積算では，①の基礎調査段階の積算精度を上げることが鍵となってきます。というのも，この段階で作成される可能性調査報告書によって事業化が決定されることがあり，入手可能なあらゆる情報と資料を用いて積算精度を上げる必要があるためです。事業化を行う際の事業費は積算額に25％の予備費を加えた額とされます。なお，事業化とは調査事業を州交通事業計画（図6-2）に組み込み，事業実施の決定，事業予算の年度割りをすることです。

　通常，事業化の決定は事業計画段階の結果に基づいて行われますが，事業の促進を図るため，可能性調査で事業実施優先度が高いと判断される事業については，事業計画を待たずに事業化することが認められています。ただし，この場合に予算が配賦されるのは環境影響調査費用のみで，ほかの用地補償費，工事費などの予算は通常のプロセスが終了する年度以降に配賦されます。

③　事業計画段階（Stage 3）

　この段階では，まず可能性調査段階で検討された複数の代替案の中

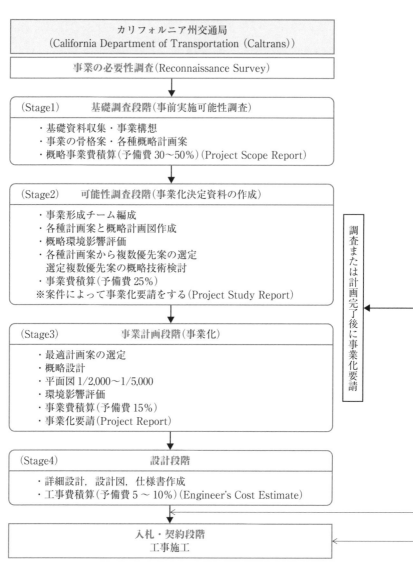

図6-2　連邦補助道路事業の段階的実施プロセス（カリフォルニア州交通局）

第6章 米国における公共事業の段階的積算システム

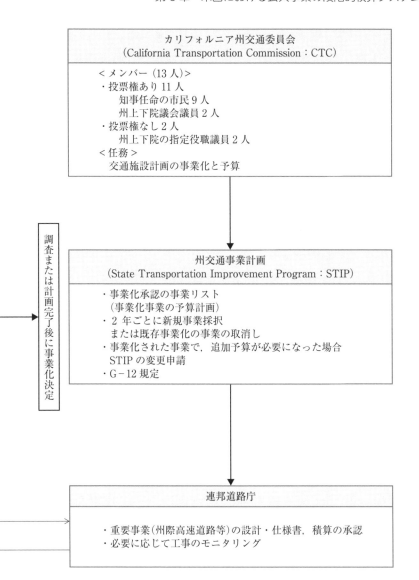

から最適計画案が選定され，次にそれに対する概略設計（平面図の平地部1/2,000と都市部1/500～1/1,000，縦断線形，事業費積算など）に基づく事業計画報告書と国家環境政策法に基づく環境影響評価書が作成されます。所定の手続きで環境影響評価書が承認された後，事業計画報告書に基づいて事業化要請の決定をするのは，カリフォルニア州交通局の出先の地方建設局長です。

事業計画報告書には事業の必要性，目的，規模・内容，事業費，工程だけでなく選定案と非選定の各種代替案との比較結果も含まれています。さらに報告書には技術，環境，予算，許認可事項，用地，交通処理計画，その他の技術的課題なども記述されます。事業計画段階の事業費については調査段階の事業費を見直し，必要に応じて修正した額に15％の予備費を加えた額と定められています。

可能性調査段階で事業化されなかった事業については，この段階で事業化に関する決定が行われます。一方，可能性調査段階で「州交通改良事業計画」に登録し，事業化された事業について，事業計画段階の結果で登録時の予算額，予算の年度割りや事業実施工程の変更が必要になった場合，この段階で変更要請をすることになります。

④　設計段階（Stage 4）

この段階では構造物の詳細設計図，仕様書の作成，事業費の積算（Plan, Specification and Estimates：ＰＳ＆Ｅ）を行い工事入札書類が作成されます。連邦補助道路事業のＰＳ＆Ｅに対する責任者は，連邦道路法（23 U.S.C.）106節の規定により道路庁と州交通局が締結する「監理／監督合意書」（Stewardship and Oversight Agreement）の中で決定されます。

第6章　米国における公共事業の段階的積算システム

　カリフォルニア州交通局は，この段階の積算を「Engineer's Estimates」と呼んでいます。これは，最終の設計図，仕様書など工事着手に必要な手続きが完了して入札公示をする直前の積算額で，請負工事の入札・契約手続きで用いられます。

## （3）事業費と工事費の積算

### ◆河川事業の積算

　工兵隊では，水資源開発法に基づく河川事業の計画段階における各事業費を下記の5種類に区分しています（図6-3）。

#### 1）可能性調査事業費

　可能性調査段階で算定される可能性調査事業費とは，事業実施が積算直後に開始され，事業実施期間に物価上昇（インフレ）や事業内容の変更などがないとの仮定で算定された積算時点の時価による事業費です（6-2（1）「⑤可能性調査の実施（Step 5）」を参照）。

#### 2）承認事業費（Authorised Project Cost）

　工兵隊が事業承認要請の際に連邦議会へ提出する「技師長調査報告書」に記載される事業費は可能性調査段階で算定された額です。したがって，連邦議会が事業の実施を承認する際の承認事業費は，原則として可能性調査事業費と同額となります。しかし，可能性調査事業費は時価で算定されるため，工兵隊の事業承認要請が可能性調査事業費の算定から1年以上経っている場合，連邦議会の承認事業費は可能性

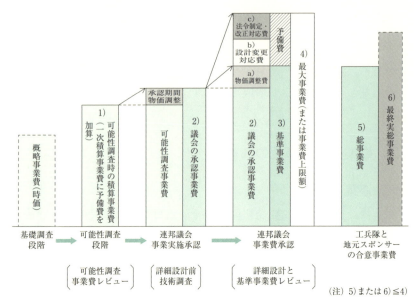

図6-3 連邦議会承認予算区分

調査事業費に，その経過期間における物価調整費を加えたものとされています。

### 3) 基準事業費（Baseline Cost Estimate：BCE）

基準事業費とは，連邦議会による承認事業費に事業実施期間中の物価上昇へ対応するための予備費を加えた額を示します。予備費は可能性調査報告書の事業内容と工程に基づいて算定することになっています。

4) **最大事業費**（Authorised Maximum Project Cost）

かつて工兵隊の予算管理では，後述の5)「総事業費」を事業の上限予算額としていたため，事業着工後に必要不可欠の増額要因が発生した場合，しばしば予算不足の問題が発生していました。このような状況に対応するため，現在，技師長調査報告書には，2)の「承認事業費」にa) 物価調整費を加えた3)の「基準事業費」に，b) 設計変更対応費と，c) 法令改正対応費を加算した額を「最大事業費」として記載することになっています。水資源開発法第902節において，物価調整，設計変更，法令改正への対応費の額は下記によって算定することとされています。

a) 物価調整費
　実施承認時点から工事完成時点までの間の物価上昇に対する想定工事費上昇額（inflation）

b) 事業目的の達成に不可欠な設計変更対応費
　承認事業費の20%

c) 新規法令制定，法令改正対応費
　工事実施承認後の法令・規則の制定，改定へ対応するために必要な追加調査費と追加工事費

上記のうちb)とc)の対応費の合計額は通常，「予備費」と呼ばれています。


5) **総事業費**（Total Project Cost：TPC）

総事業費は，工兵隊と地元スポンサーが締結するスポンサーシップ合意書に記載される事業費です。この事業費には工兵隊の電子積算シ

ステム (MACES) で積算した工事費，用地補償費，可能性調査費，技術調査，設計，工事監理の費用と工事期間中の物価調整費が含まれます。したがって，総事業費は 4) の「最大事業費」から予備費を除いた額，つまり 3) の「基準事業費」と同じとなります。なお，事業内容，技術調査，設計が時間の経過とともに変化する場合，当然，総事業費も変化します。総事業費は工兵隊と地元スポンサーの費用分坦の決定に用いられます。

このようにして，事業実施の一連のプロセスで段階的に事業費が算定されます。最終的に実際に要した事業費を「総事業費」と呼びますが，仮に総事業費が承認事業費を超えても最大事業費以内であれば，工兵隊は事業を継続することができます。また，事業費の調整項目 (a), b), c)) からわかるように，最大事業費は，通常の積算とは異なり適正な事業計画の実現や予算超過を回避するための予算管理基準値であり，米国の河川事業における積算の特徴の一つといえます。以下，図 6-1 に示す段階的実施プロセスの流れに沿って，段階的な積算方針の概要をみていきます。

① 基礎調査段階の事業費積算

基礎調査段階で策定された各事業構想案について，工兵隊によって概略事業費が積算されます。事業費には技術調査費，設計費，工事費，用地補償費，環境対策費，事業管理費など，事業実施に必要な全ての費用とそれらに対する予備費が含まれます。なお，積算技術者は用地補償費，環境対策費などの算定については個々の分野における積算専門家の支援を受けることになっています。この段階における積算は，工種ごとに積上げ，見積書，またはユニットプライスなどそれら

を適宜に組み合わせて行うことが望ましいとされています。米国のユニットプライス方式とは，事業費の積算に過去の工事の入札あるいは契約で実際に用いられた工種や工種細目の単価を用いることとされています。

② 可能性調査段階の事業費積算

可能性調査段階では，各種の事業計画案から最適事業計画を選定する時点（比較用）と，計画選定後の2段階を経て事業費が積算されます。いずれの積算にも工事費，用地補償費，環境対策費，計画・設計費ならびに積算リスク（設計の低精度，不確定要素の存在などの問題）に対する予備費が含まれます。各種事業計画案の比較用事業費積算は，基礎調査段階と同様に過去の入札価格，積算者の経験，ユニットプライス方式のいずれか，またはそれらを組み合わせて行います。過去の入札価格を用いる場合は時差修正が行われます。

最適事業計画の事業費積算の精度は，妥当な予備費を見込んだ基準事業費の算定ができる程度とされています。基準事業費には工種ごとに直接費，間接費，発注者経費の要約を添付することになっているため，最適事業計画の事業費積算は，できれば内訳付きのユニットプライス方式で行うのが望ましいとされています。設計レベルがユニットプライス方式を活用できる精度になっていない工事に対しては，積算担当者が自らの経験に基づきユニットプライスを算定したり，複数の見積書を求めたりなどすることによって対応することになっています。

③ 技術調査・設計段階の事業費積算
［積算目的］
　技術調査・設計段階の積算目的は，事業を連邦議会で承認された基準事業費内で完成する設計をすることです。そのため積算にあたっては，まず，可能性調査段階で作成された概略設計を詳細設計に発展させるために必要な測量，地質などの技術調査，設計計算，設計図，仕様書，入札・契約書類の作成を行います。その後，詳細な設計に基づき積算を行い，必要に応じて基準事業費の見直し手続きが行われます。

［積算方法］
　技術調査・設計段階の事業費積算は，下記の事項に留意して行われます。

・事業費には工事費，用地補償費，環境対策費，設計費，予備費などを含めること。
・工事費は，積算時に活用できる資料に応じて数量とユニットプライス，過去のコストデータ，その他適切な資料を用いて行うこと。
・工事費は，工兵隊のコンピュータ・コスト積算システムで算定し，工種ごとに直接費，間接費，発注者である工兵隊の必要経費の内訳を付けること。
・この段階の積算は，連邦議会の事業実施承認時に設定された基準事業費内で，合理的と考えられるいくつかの詳細設計案を費用便益比（Benefit/Cost）で比較できるレベルの精度で行うこと。
・事業全体の設計が完了していない場合は，積算のために行った仮

想設計，不確定な暫定数量を明記した書面を作成，提出すること。

④　入札・契約段階の工事費積算

技術調査・設計段階でとりまとめた設計，設計図，仕様書，入札・契約書類に基づいて，入札・契約に用いる工事費，すなわち独立政府工事費積算を行います（6-4（2）参照）。主に工兵隊の積算で用いられているのは工兵隊が認定した電子積算システムであり，土木事業の積算に採用されています。電子積算システムは，下記の3種類のコストデータ集（Library）を用います。

・建設機械経費集（Equipment Library）：
　時間当たりの減価償却費と燃費，オイル，修理費，タイヤ交換費を含む運転経費を掲載。
・労務単価集（Labor Library）：
　労働市場における実態賃金と法令の最低賃金を掲載。
・工事単価集（Unit Cost Book Library）：
　工種別に材料費，労務費，建設機械経費と歩掛の内訳が付けられている。単価は全国の平均値のため，使用にあたっては工事実施地域の特性を考慮した調整が必要になる。

工兵隊は，このように一連の段階的プロセスを通して事業内容と事業費積算のレベルアップを図り，妥当かつ適正な予算を確保して，事業を円滑に実施する制度を取り入れています。

◆道路事業費の積算
### 1） 基礎調査，可能性調査，事業計画段階の事業費積算

　カリフォルニア州交通局は州内を12地区に分割し，個々の地区に地方事務所を設置し，道路の建設，管理を行っています。カリフォルニア州交通局の道路事業の事業費積算，工事費積算は原則としてユニットプライス方式で行われています。そのためカリフォルニア州交通局では市販のソフト（File Maker Pro）に過去の入札結果を入力したデータベースを作成しています。データベースからはユニットプライスを地区，入札年次，入札数量別に検索することができます。2015年時点で，ユニットプライス方式は37州の交通局で用いられており，積上げ方式が1州，両方を併用しているのが12州です。

　各地方事務所の積算担当者は価格の地区差を考慮し，主として当該事務所の管轄内の入札結果を利用していますが，類似の工種や施工条件に該当するユニットプライスがない場合は近隣地区のデータを活用します。また，積算担当者はユニットプライスについて，データベースそのままの数字で用いる場合とプロジェクトの特性，施工条件，建設市場の動向を加味した上，個人判断で修正して用いる場合があります。カリフォルニア州交通局の全事務所に共通して適用する詳細基準は作成されていません。

　事業計画段階の積算資料は詳細設計の段階に比較して不十分であるため，カリフォルニア州交通局では計画段階の事業費は，積算額に適正な予備費を加算した額としています。その際，予備費は積算額に一定の率を乗じて算定されます。事業進捗段階別の標準予備費率を図6-4に示します。

第6章　米国における公共事業の段階的積算システム

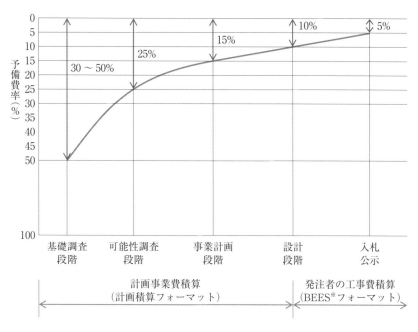

※BEES：Basic Engineering Estimating System
図 6-4　事業進捗段階別の標準予備費率（例）

## 2)　入札・契約段階での工事費積算

設計段階では構造物の詳細設計，詳細設計図および仕様書の作成，事業費の積算を行い工事の入札・契約の準備が行われます。カリフォルニア州交通局は，この段階の積算を「Engineer's Estimate」と呼びますが，日本における「発注者による工事費積算」に相当します。この発注者による工事費積算には下記が含まれます。

・入札対象工種の積算額
・補足工種（入札時に内容や数量が確定できないため入札対象外と

した工種）の積算
- ・発注者が支給する資機材費
- ・上記の積算額の合計に5〜10％を乗じた予備費

### 3） 予算調整額（G-12 Money）

　カリフォルニア州交通委員会（California Transportation Commission：CTC）では，事業化の際に決定する予算額は，発注者が積算した事業費に予算調整額（General Delegations12 Money）を加えた額とすることにしています。予算調整額は，事業着手後に予算が不足した場合，カリフォルニア州交通局がカリフォルニア州交通委員会の承認を得ることなく自由裁量で使うことができるもので，次式で算定されます。ただし，積算額が100万ドル未満の事業の予算調整額は，一律20万ドルとされています。

　　予算調整額＝発注者積算額×10％＋20万ドル

　カリフォルニア州交通局では，事業化で決定された予算を増額する手続きが面倒なため，設計段階の発注者積算時に，予想される落札額に10％程度の余裕を見込んでいるといわれています。すなわち，このことは過去の入札データのうち最低価格のユニットプライスを必ずしも積算に適用していないともいえます。

第6章　米国における公共事業の段階的積算システム

## 6-3　事業費の積算レビュー

### （1）河川関連事業における積算レビュー制度

　米国で河川関連の公共事業の実施機関である工兵隊については，技術通達（EC 1165-2-214）で，「工兵隊にとって適切な積算は，品質確保および工程計画と同程度に重要である」と記されており，事業の「技術レビュー」の一環として，全土木事業で初期段階の基礎調査・可能性調査から事業の完成に至る期間を通して，積算技術者による連続かつ体系的な事業費積算を行うこととされています。

　工兵隊による河川事業計画に対する技術レビューは，レビューの実施者により下記に示す3種類に区分して行われます。事業費の積算に関するレビューは，これらの事業計画の技術レビューの一環として行われます（図6-5）。工兵隊が事業承認を要請するために連邦議会へ提出する書類のうち事業費に関わる事項については，ワラワラ積算専門技術センターが，また技術に関わる事項については計画専門技術センターが，それぞれ参画するレビューを受ける必要があります。

・事業担当地方事務所による品質管理
・事業担当事務所以外の工兵隊職員による部内専門家レビュー
・工兵隊外の専門家レビュー（Ⅰ型レビューとⅡ型レビュー）

　（注）部内専門家による技術レビューを実施する際，レビュー・チームに計画，経済，環境，不動産，水理・水文，地質専門家に加え，積算技術者を参加させることになっている。

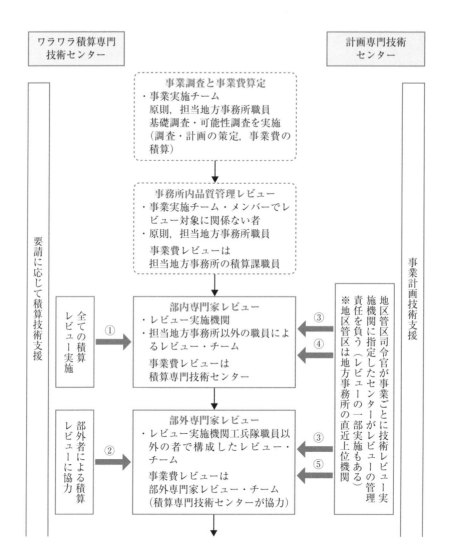

第6章 米国における公共事業の段階的積算システム

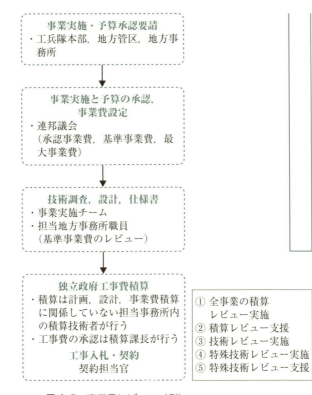

図6-5 事業費レビュー(例)

◆**事業担当地方事務所による品質管理での事業費積算レビュー**

　工兵隊は全ての事業で品質管理の一環として，計画や設計に対する技術レビューと事業費算定に対する積算レビューを実施します。このレビューの目的は，事業担当地方事務所職員が事業実施チームによる作業成果品の完結度や品質などをチェックして，問題点があれば解決策をまとめることです。品質管理としての積算レビューは，事業担当

地方事務所内で積算能力を有する上級積算技術者が行い，工事数量，積算額，工程計画，総事業費などを含む積算報告書を作成します。

◆部内専門家による事業費積算レビュー

　部内専門家レビューは，事業担当地方事務所以外の工兵隊職員によって実施されるもので，レビュー対象事業の計画・設計が工兵隊の技術基準を満たしているかを確認する技術レビューと，事業費が連邦議会で承認された最大事業費内に収まるかを確認する「事業費積算レビュー」に区分されます。技術レビューは担当専門技術分野を特定して6地方管区内に設置されている計画専門技術センターが全米の事業に対して，個々の専門分野に関する技術レビューを行います。なお，事業費積算レビューに関しては，全てがワシントン州にある工兵隊ノースウエスタンス地方管区のワラワラ地方事務所内に設置されたワラワラ積算専門技術センターで行われます。ただし，請負工事の入札・契約前に作成される独立政府工事費積算に対するレビューは，個々の事業担当地方事務所の積算課が行うことになっています。

◆部外専門家による事業費積算レビュー

　部外専門家による事業費積算レビューは，積算専門技術センターが事業担当地方事務所に対して工兵隊以外の専門家，あるいは専門機関によるレビューを提案した場合に行われます。その際，積算専門技術センターは，レビューの内容設定などで部外レビューの実施者を支援することになっています。

## 第6章 米国における公共事業の段階的積算システム

**◆外注した事業費積算に対するレビュー**

工兵隊がコンサルタントや建築士に外注するときの事業費積算レビューは，全体の積算からサンプリングで抽出した部分に対してのみ行うこととされています。そのレビューは，工兵隊が直営積算に対して行うのと同じ方法で行うことになっています（ER 1110-2-1302, 5.c）。

## （2）積算専門技術センターによるレビュー

全ての工兵隊事業で，地方管区，本部，連邦議会などの上位機関に予算要求をするために作成される報告書のうち積算に関しては，作成者が誰であってもワラワラ積算専門技術センターによる部内専門家レビューを受け，後述する「積算検定証」を取得する必要があります。その際，事業担当地方事務所は，積算専門技術センターのレビューに協力する必要があります。

**◆可能性調査段階の事業費積算レビュー**

可能性調査段階に積算した事業費に関して行われる部内専門家レビュー（1～複数回）では，少なくとも代替案の中から最適案を選定する際に用いた事業費，最適案の基準事業費（6-2（3）参照）の両方が妥当なものであったことを立証する必要があります。したがって，事業費積算レビューのために各地方事務所が作成し，提出する事業書類には，報告書案と技術資料としての写真，設計書，図面，添付書類などが含まれることになっています。

◆**事業費積算レビューの実施者**

　工兵隊の事業費積算に関する部内専門家レビューを実施する者は，「技術規則（ER 1110-2-1302）事業費積算のレビュー実施者と実施方法」で，「積算専門技術センターの研修を受け，積算能力の所有者と認定された上級積算技術者でなければならない」と規定されています。特に，事業計画決定書類（事業の実施で利用されるデータ，基準などの基礎資料，並びに基礎資料に基づく報告書，評価書など）に関わるレビューは，積算専門技術センターによって任命された者が行うことになっています。

## (3) 積算専門技術センターによる積算検定証

　積算専門技術センターは，全ての工兵隊事業に関する部内専門家レビューのうち事業費積算に関するレビューを行い，その結果を当該事業の担当地方事務所へ通知します。事業費積算のレビューは，事業費，積算方法を評価，分析して適正であるか否かを検定する方式で行われます。検定結果は「積算検定証（Cost Certification）」によって通知されます。

　積算専門技術センターの検定の基本方針は，「地方事務所が用いている事業プロセスで正確に積算し，連邦議会で承認された予算内で地方事務所が事業を完成させることができるか，予備費が妥当か」を確認することです。積算専門技術センターのレビュー実施者はレビューする上で，

　・事業内容

## 第6章 米国における公共事業の段階的積算システム

・技術情報（積算で使用した計画，設計，積算基準，調達方法，施工法等）の妥当性
・事業計画の質（代替案からの最適案の選定方法）

などに着目することになっています。

検証結果は下記の3種類の積算検定証で通知されます。積算専門技術センターは，条件付積算検定合格証，あるいは積算検定不合格証で，積算額，工程計画，予備費などの変更を必要とする問題点を指摘する場合には，事前に事業費を算定した積算技術者の意見を求めることになっています。

① 積算検定合格証（Cost Certification Statement）

事業内容，技術情報，計画書などについて，工兵隊の最新の諸基準を満たしたもので，事業費の積算，工程計画の作成に関わるリスクを明確に予測できる程度にまとめられている。したがって，予測したリスクに対する予備費，予備工期を考慮すれば適切な事業費の算定と工程計画の作成が可能である。

② 条件付積算検定合格証（Conditional Cost Certification Statement）

事業内容，技術情報，計画書などの一部に諸基準を満たさない問題点があるが，それらの問題点を積算専門技術センターが満足できる程度にまで改善した後，事業費の積算，工程計画の作成に関わるリスクを予測して予備費，予備工期を考慮すれば適切な事業費の算定と工程計画の作成が可能である。条件付積算検定合格証は，原則として同一事業に対して2回以上出されることはない。

事業費の部内専門家レビュー<br>
積算検定合格証

　ワラワラ積算専門技術センターは，ウイルミントン地方事務所からの要請に応じ，「Southport, NC Section 14 緊急流路提，及び海岸線浸食防止事業」の事業費に対する部内専門家レビュー（ATR）を実施した。

　この部内専門家レビューは，事業内容，積算結果，工程計画，想定物価上昇額，及び不確定要因に対する予備費について行った。

　この検定証は，積算結果が工兵隊の技術基準，ER 1110-2-11（Engineering and Design for Civil Works Projects[注1]），及び ER 1110-2-302（Civil Works Cost Engineering[注2]）で求められる水準を満たしていることを証明するものである。

　2012年10月3日現在で，本事業の2013年度価格の総事業費は58万7000ドルである。可能性調査の費用を含む必要予算額（Fully Funded Amount）は68万4000ドルである。

　（事業担当）地方事務所は，これらの金額を最終報告書に正確に記載した上，事業期間を通して効率的な予算管理とリスク対応策を含む手続きに基づき事業を実施する責任を果たすこと。

陸軍工兵隊ワラワラ地方事務所<br>
積算課長[注3] John P. Skarbe

（注1）土木事業の計画と設計技術基準　（注2）土木事業積算基準
（注3）積算課がワラワラ積算専門技術センターに認定されている

図6-6　ワラワラ積算専門技術センターの積算検定証（例）

③　積算検定不合格証（Cost Non-Certification Statement）

　事業内容，技術情報，計画書などが諸基準を満たさないと，適切に事業費の積算，工程計画の作成ができないことになる。積算検定不合格証を受け取った事業担当地方事務所は，その不合格証を所属する地方管区へ再検定のために送付する。地方管区は処理方法を検討して，その結果に対して本部の最終判断を仰ぐことになっている。

# 第6章 米国における公共事業の段階的積算システム

## 6-4 公共工事の入札・契約規定

### (1) 連邦調達規則の概要

　米国で連邦議会が制定した法律は，大統領の署名によって効力を持つことになります。大統領が署名した法律は小冊子（slip law）として刊行されるとともに，「合衆国法典」（United States Code：USC）に収録されます。なお，合衆国法典は検索の都合上，法律の内容に応じて区分される54の編（Title）で構成されています。例えば，契約関連の法律は合衆国法典第41編公共契約（U.S.C. 41 Public Contracts）に収録されています。このような編集方針のもとで，同一の法律で定められた諸規定が内容によって分離され，合衆国法典で別々の編に収録されることがあります。

　法律を施行するため連邦政府機関が定める連邦規則（Federal Regulation）は，日本の官報に相当する連邦公報（Federal Register）で公布された後，50の編で構成される「連邦規則集」（Code of Federal Regulations：CFR）に収録されます。例えば，連邦政府機関の調達に関する規則は，「連邦規則集第48綱連邦調達規則」（CFR 48 Federal Acquisition Regulations：FAR）に編集されることになっています。

◆**連邦調達規則の目的**
　連邦調達規則を所管するのは，1974年制定の連邦調達政策局法に

基づき大統領府内に設立された連邦調達政策局です。連邦調達規則の目的は各連邦政府機関がサービス（工事を含む），物品の調達方式を統一して下記を達成することとされています。

・市場競争原理を活用して合理的なコスト，品質，工期の実現
・契約実績に基づく優良企業との契約締結
・行政事務経費の節約
・調達における誠実，公正，および公開性の確保

◆連邦調達規則の構成

連邦調達規則は，下記の共通規則と補足規則で構成されています。

・共通規則：全ての連邦政府機関に適用。公共工事固有の共通規則については連邦調達規則の「第36部工事と建築士・土木技術者」（Part 36 Construction and Architect-Engineer Contracts）にまとめて編集。
・補足規則：共通規則を補足するために各連邦政府機関が独自に定めるもので，それらの適用対象は補足を定めた政府機関に限られる。

◆連邦調達規則の管理と共通規則の作成

連邦調達規則は，合衆国法典第41篇の13章により連邦調達政策局長と主要な調達機関の長である国防長官，国家航空宇宙局長官，総合調達庁長官の4名で構成される調達審議会によって管理されています。したがって，連邦調達規則の改正と策定に関する基本方針は，管理しているその4名によって決定されます。

連邦調達規則の作成と改正に関する実務作業は，先ほどの4名が管理する機関以外の各連邦政府機関から，以下の資格要件を考慮して選出される者を加えて構成される規則委員会で行われるため，連邦調達規則に各調達機関の意向を反映することが可能になっています。
 ・各政府機関を代表する立場で，規則委員会業務に専従する。
 ・調達に関する経験と知識が豊富である。
 ・費用は委員を選出した各政府機関が負担する。
 ただし，規則委員会による新規則や改正規則の公布は，連邦調達政策局長の調整のもとで国防長官，国家航空宇宙局長官，総合調達庁長官が個々に付与された権限に基づき共同で行うことになっています。

## （2）連邦調達規則の工事入札・契約規定

 近年，日本では公共工事の調達方法を巡っていくつかの課題が指摘され，改善策が模索されています。以下に米国の連邦調達規則から，日本における改善策を検討する際の資料と思われる規則の概要の一部を紹介します。連邦調達規則は連邦政府機関が多様な状況下で行うサービス，物品の調達を対象にしているため，規則の内容が広範かつ詳細にわたり，例外規定も多くなっているのが特徴として挙げられます。したがって，ここでは主に公共土木工事の調達の際に適用されている基本的な規則のみを取り上げることにしています。

### ◆公開価格競争入札の適用 （FAR 6.101，6.102）
 連邦調達規則で連邦政府機関および連邦政府補助金を用いた州政府

と地方政府による調達の契約相手は，特殊な軍需品，緊急事態対応，契約相手が限定される場合を除き，公開入札（Full and Open Competition）で決定されることになっています。ここでの公開入札とは，発注者が入札案内書に記載する入札資格要件を満たす者は誰でも参加できる入札方式を指します。

公開入札方式での落札者は，価格競争（Sealed Bid）と提案競争（Competitive Proposal）のどちらかで決定されますが，下記の条件が満たされる場合，原則として価格競争によることと規定されています。

・入札公示，応札および入札評価に必要な標準所要期間の確保が可能である。
・落札者を価格と価格関連要因のみで決定することが可能である。
・入札評価に際して入札者との対話が不要である。
・2社以上の応札が期待できる。

このようにして，米国では多くの公共土木工事の請負業者の選定は公開価格競争入札方式で行われています。

### ◆落札者の決定（FAR 14.101）

落札者（Contract Award）は全ての入札要件を満たし，契約履行能力があると判断され，金額面で発注者に最も有利な入札をした者（通常は最低価格入札者）とされています。なお，米国の公共機関は，入札で3社以上が自由かつ公正に競争した場合の最低価格は，適正な市場価格とみなしてよいとの認識を持っています。ただし，入札者が2社以下の場合であっても，落札者の決定方法は同じですが，発注者

は入札者が少数となった原因を調査して,これ以降の入札で入札者数を増やすための改善措置を取ることが求められます。

◆**発注者の工事費積算**(FAR 36.203)

　工事発注をする連邦政府機関の積算責任者は,連邦調達規則で入札前,あるいは既契約の変更前に独立政府工事費積算を行い,当該機関の契約業務の責任者である契約担当官(Contracting Officer)へ提出することになっています。

　連邦調達規則では,独立政府工事費積算責任者は入札者の一人として価格競争に参画するとの仮定のもと,積算することが求められています。発注者による積算は契約変更の際にも行われますが,発注者による積算は,いずれの場合でも契約が締結されるまで外部に対して公表されません。ただし,契約担当官が入札者と交渉する必要が生じた際には積算資料などを交渉対象の関連部分に限定して示すことはできます。

　なお,過去に多くの工事を直営で施工してきた工兵隊は,請負工事契約用の独立政府工事費を積算する際にも利益を考慮しないとともに,IGECの代わりに「IGE(Independent Government Estimate)」という用語を用いることにしています。

◆**法令による契約上限額の設定**(FAR 36：205)

　発注者である政府機関は下記の場合,工事契約を締結できないとされています。

　・契約額が関連法令で定める金額(Statutory Cost Limitations)を

超える場合。
- 将来，発注者の負担となる予備費，諸経費を加算したときに法令で定められた金額を超える可能性がある場合。

例えば，水資源開発法では，同法に基づき工兵隊が治水工事，利水工事など発注する際の契約上限額を工兵隊のIGEに同額の25%を加算した額とすると規定されています。なお，25%は請負業者の利益分としての10%と，IGEの過少積算リスク対応分としての15%の合計といわれています。

### ◆入札案内書に記載すべき項目（FAR 36.213-3（c））

入札案内書の記載項目には下記の内容が含まれることになっています。

- 労働賃金：請負業者，下請業者が雇用する労働者へ支払うべき最低労働賃金（最低賃金はデービス-ベーコン法に基づき連邦労働長官によって定められる）。
- 元請業者による直営施工率：大規模事業の工事を適切に監理するため，元請業者は受注工事の相当部分を自らの労働力で施工をしなければならない。そのため発注者は，工事請負契約書に元請業者が自ら施工すべき最低施工率（建築工事では12%程度以上[注]）を明記するものとする。空調設備工事など慣習的に専門業者へ外注される部分は算定の対象外とする。
- 工事規模：発注工事額を範囲（Range）で表示
- 契約期間
- 発注者が工事期間中に提供する施設

・入札資格要件
（注）道路工事ではカリフォルニア州交通局のように30%とする例もある。

◆**承認済事業予算に収まる設計**（FAR 36.609-1）
　連邦調達規則は，連邦政府機関に対して建築，土木事業の設計を部外者へ委託する際，設計者（建築士／技術士：Architect／Engineer）へ承認済事業予算を明示して，工事費が同予算内に収まる設計をさせることを求めています。したがって，連邦政府機関は設計業務委託契約書に，設計結果に基づく工事費が承認済事業予算を超えることが予想される場合，設計者に無償で設計修正を求めることができる条項を設けることにしています。

◆**設計コンサルタントの瑕疵責任**（FAR 36.608）
　設計者（建築士／技術士）は，設計業務委託契約の成果品に対して瑕疵責任を負うことになっています。したがって，設計の誤り，欠陥が原因で工事契約の変更が必要になったとき，契約担当官は発注機関の技術者，法務担当者などの助言を受けて，設計者の責任の程度を検討し，適正な費用の支払いを請求するものとされています。

◆**賃金の支払報告規定**（FAR 29.5）
　① 請負業者から発注者への賃金支払報告書
　請負業者（下請業者を含む）は，毎週，受注工事のために雇用した労働者に対して，契約書で定められている賃金を支払い，発注者へ賃金支払報告書を提出することとされています。

② 賃金支払簿と関連データの保管

請負業者は，賃金関連資料（賃金支払簿，関連データなど）を工事終了後3年間保管することが義務付けられています。また，請負業者は発注者から要求された場合，賃金支払簿と関連データを提示する必要があります。

## （3）その他の工事入札・契約ルール

河川事業と道路事業の工事入札・契約に関する連邦調達規則以外の関連ルールの事例を紹介します。

### ◆河川事業に関する事例

下記は，工兵隊の技術通達（ETL 1110-2-573 Construction Cost Estimating Guide for Civil Works）から工事入札・契約の関連項目を抜粋したものです。

① 積算者の守秘義務（7.7.1項）

独立政府工事費とその積算内訳を知ることが許されるのは，与えられた職務を遂行するため，それらを知る必要がある者に限定すること。独立政府工事費の積算をコンサルタントへ外注する場合，コンサルタントは積算額を提出する際に，積算額を知る立場にあった者のリストを提出するものとする。また，リストに掲載された全ての者に守秘義務同意書に署名することを求めるように努めること。最終の独立政府工事費を決定する政府の積算技術者も守秘義務の同意書に署名するものとする。

## 第6章 米国における公共事業の段階的積算システム

② 情報公開法（7.7.2 項）

調達に際して独立政府工事費とその積算資料は，高い機密性の下で保管する必要があることから，それらには「公用資料」（For Official Use Only：FOUO）のマークを付し，情報公開法（Freedom of Information Act）の対象外として取り扱うこと。

③ 独立政府工事費と積算根拠資料の公表（7.7.3.1 項）

工事契約が締結された後，外部へ公表するのは，積算書の表紙，契約当事者の署名ページ，内訳一覧表（Price Schedule）に限定し，当該契約工事に関するクレーム交渉，将来の類似工事の発注で活用されるおそれのある詳細な積算資料（例えば歩掛や建設業者からの見積書など）は公表しないものとする。

④ 契約変更の独立政府工事費と積算裏付資料の取扱い（2.7.2 項）

契約変更の独立政府工事費の取扱いは新規契約の場合と同様とされ，発注者による変更積算額は，変更契約の締結まで公開しないものとする。ただし，契約変更額の交渉で，発注者と請負業者が合意できない工種がある場合，発注者は一定の範囲で積算資料の一部を開示することができることとされている。

### ◆道路事業に関する事例

1) **公正な価格競争入札の確認方法（Guidelines on Preparing Engineer's Estimate, Bid Reviews and Evaluation（FHWA））**

米国の公共工事の入札では，原則として最低価格の入札者を落札者とすることとされています。ただし，この原則は適切な数の入札者によって公正に価格競争が行われることを前提にしています。連邦道路

表6-1 公正な価格競争入札の判断基準表

| A. 入札価格が最低入札価格の120%以内の入札者数が，下記を超える場合（最低価格入札者を除く） | B. 最低入札価格が下記の額を超えない場合 |
|---|---|
| 5社 | 発注者積算額の120% |
| 4社 | 発注者積算額の115% |
| 3社 | 発注者積算額の110% |
| 2社 | 発注者積算額の105% |
| 1社 | 発注者積算額 |

（注）最低入札価格が発注者積算額以下の場合，公正な入札が行われたとみなされる。

庁では，このことを入札が公正に行われたか否かの判断基準にして，表6-1の公正な価格競争入札の判断基準表（以下，基準表）のAとBが満たされる場合，その入札は公正であったとみなしています。多くの州政府交通局も入札結果が基準表を満たす場合，最低価格入札者を落札者にします。

### 2） 最低入札価格が発注者積算額を上回る場合の落札者

最低入札価格が，発注者積算額を超える場合，落札，再入札，あるいは入札中止の判断は，発注機関が諸条件を考慮して決定することになっています。

### 3） 発注機関による独自の契約上限額設定

連邦道路庁の報告書（National Review of State Cost Estimation Practice）によると35の州政府交通局で，最低入札価格が発注者積算額を一定率以上超える場合，特別な審査に合格しない限り，その入

札者を落札者にしないと規定されています。

### 4) 連邦道路庁の工事費積算に関する積算指針（Federal Highway Administration Guidelines on Preparing Engineer's Estimate）

　連邦補助道路事業における発注者の工事費積算は，例えば過去1年間に行われた全入札の半数以上で最低入札価格の前後10%の範囲に入る精度であることが望ましいとされています。連邦道路庁では半数以上の入札で発注者の積算工事費が最低入札価格の前後10%の範囲外となっている場合，発注者の工事費積算方式を見直すことを勧めています。

### 5) カリフォルニア州交通局の標準仕様書（Standard Specifications：SS）

　下記はカリフォルニア州交通局の道路工事契約に適用される「標準仕様書」からの抜粋です。米国では日本の工事請負契約書に当てはまる規定条項が仕様書に記載されています。
　① 入札を巡る不正行為の告発奨励（SS 2-1.50項）
　カリフォルニア州交通局の標準仕様書の中には「連邦補助道路事業の工事契約に関して，談合入札，不正入札，詐欺行為の把握，および調査をするため，年間を通して毎日24時間，無料で使用可能な直通の電話番号が記載されている。また，そこには情報提供者を匿名，情報内容を秘密扱いとする」との旨が明記されており，入札関係者に不正行為の告発を奨励しています。

② 元請業者による最低直営施工率（SS 5-1.13 項）

　元請業者には，連邦政府の補助を受けない建築工事を除き，少なくとも当初契約金額の30%に相当する工事を自らの雇用者によって，自ら所有する，あるいはレンタルした建設機械で施工することが義務付けられています。

③ 入札から最終支払までの記録保管（SS 5-1.27B 項）

　元請業者は，入札準備費，諸経費，賃金支払簿，下請支払額，材料購入費などの経理簿（Cost Accounting）といった記録書類を最終支払日から3年間保管することを義務付けられています。

④ 発注者による記録書類の検査，複写，監査（SS 5-1.27C 項）

　元請業者は，発注者が③の保管記録を検査，複写，あるいは監査することを認めなければなりません。また，元請業者には，下請業者，資機材提供者の記録書類についても，発注者の代表による検査，複写，監査を受け入れることが義務付けられています。

第 6 章　米国における公共事業の段階的積算システム

吾嬬橋（群馬県中之条町六合）
ペンシルバニア型トラス（ピン結合構造）
旧坂東橋として 1901（明治 34）年竣工／利根川に鉄道橋として架橋／1959 年 3 月現在の地に移設し道路橋として再利用

■■ Column 8 ■■

### 東アジアでの熾烈なたたかい

　数年前，海外の建設現場で使用する鋼材やシールドマシンなど資機材の調達実態を調べることを目的に，香港やシンガポールの高速道路や地下鉄建設で活躍する日本や中国の大手建設会社を取材しました。

　その際，政府による公共調達に関する制度のお話も伺いました。いずれの案件も工事価格に上限や下限の設定はなく，コスト低減の内容を重視した技術提案をもとに，価格点のウェイトが大きい総合的な評価で受注者が決まる仕組みでした。これらは資機材の品質規定とともに，欧州の制度をベースにした経済性重視の運用といえます。

　こうした中で，日本の大手建設会社と受注で競合する欧米や中国，韓国の会社の多くはプラント開発も行うコントラクターです。昨今の日本ではあまり見られない広大な機材センターを自前で構えており，経営規模が大きいため価格交渉力も強く，世界のさまざまな地域からより安価な資材の調達にも長けています。わが国の建設会社はこのような強力なライバルに勝つために，ぎりぎりの価格設定で勝負に臨まなければなりません。単独受注の見通しが厳しければ，規模で有利になるため韓国とのJVや，確実な受注を目指しあえて中国のサブになるなど苦渋の選択をしていました。

　入札参加者の審査時から引渡しまでの施工計画・材料などの承認，工事の変更指示は，第三者技術者（the Engineer）が発注者の代理人として行います。さらに，ここでは出来高やクレームに対する査定も中立的立場で行うという二面性の機能を持っています。

　当然，契約後は予期せぬ変更も少なくないため，受注担当者は説得力のある妥当性の高い資料作りと説明のために，手元の見積りと現地の物価資料をにらみながら，第三者技術者のもとに通い詰めることになります。そのような努力をしても報われることが少ない背景は，大規模で複雑な設計施工条件に適用されることが多いといわれる総価契約（Lump Sum Contract）が，設計などのリスクに関しては受注者

負担となっているためです。

　実際に調達した資材が高騰した，あるいは工事数量の見積精度が悪く当初の見積数量より実数量が増加した，などという理由だけでは金額の変更は認められにくいので，折衝の回数は増えます。現地では，個々の工事の総価が契約前に議会承認を受けているので，態度が固いのではないかとの声もありました。

　このようにライバルに勝った受注後は，発注者ではない者とのたたかいが続きます。

　訪れた現場は，コスト管理が厳しく徹底されていて，例えば日本では元請け社員が担う，協力会社とのコミュニケーションを通じての安全や工程，品質の管理までも外注化されていました。

　「海外工事で利益を出すことはとても大変です。それでも海外に打って出なくてはなりません。日本のように，施工内容に見合った経費や，相応の利益をあらかじめ積み上げた価格を是とする制度であればいいのですが…」。日本の制度との違いを考えるとき，20年以上世界中のプロジェクトを担ってきたある幹部の言葉を思い出します。

　国内の市場価格やコストに関する普段の調査業務では，公共調達の課題を感じる場面もあります。一方で，海外のこのような事情を知ると，適正で妥当な工事金額を設定するために，わが国ではこれまでさまざまな制度の見直しが続けられてきたのだと改めて気付きました。

（編集担当 T）

## おわりに

　発注者側の工事費の積算は，工事の予定価格を算定するために必要なものであり，契約締結後においても設計変更のベースとなるものです。受注者にとっては，落札するために，発注者が設定する予定価格や調査基準価格（または最低制限価格）を推測する目的ならびに受注した場合の採算性等を検討するために必要な作業であり，契約変更に際しても理解しておく必要があるものです。

　工事発注段階における工事費の積算は，工事中の安全管理や工程管理を含め，工事の品質を確保するに足るものが要求されます。さらに，これが適正に積算されなければ，受注者側の適正な利益が確保できずに，人材育成，技術開発を含め企業経営が損なわれかねません。また，契約締結後に現場条件に適合するよう設計変更が必要になるのが通常ですが，適正な積算による設計変更がなされなければ，やはり工事の品質確保や企業経営が損なわれかねません。受発注者双方にとって積算マネジメントが重要な所以です。

　しかし，公共工事の積算を巡るトラブルは尽きません。落札者が一旦決まってから積算開示データの違算を指摘され，契約が取止めとなって入札のやり直しとなったり，積算担当者の責任が過重となったり，発注者側の体制が不十分な中で，担当技術者を疲弊させる事態が目立つようになっています。

　また，契約変更が適切になされないために，受注者が赤字を強いられたり，発注者側担当者が不適切な支払行為を行わざるを得なくなり不正を追及される事態に至ることもあります。契約変更の増額が大き

くなる場合には，発注機関内部における説明が困難として，一定割合以内に無理に抑え込もうとする場合もあります。

　地方自治体においては，契約の変更に議会の議決を要する場合は，議会において，事前に調査・設計して発注している工事の契約が変更になることはおかしいとか，発注担当者が先行指示により工事を進めるのは議会軽視であるなどと責められることがあり，適正な契約変更が行われない事態を招きやすくなっています。

　このような積算を取り巻くさまざまな課題を解決するために，調査計画段階から積算を経て工事を実施し，構造物を完成するまでのコストを発注者側の立場で適正に管理する手法をとりまとめて編纂しようということになりました。この手法を「積算マネジメント」と呼び，公共工事の積算の基本的事項について，とりわけ積算に携わる方々には必ず知ってほしい事柄を平易な文章で説明するよう心掛けました。

　海外の多くの国では，受注者側の積算を契約のベースとしており，入札における建設業者の応札価格は，所定の労務賃金を踏まえて下請業者への支払額を定めた上で決定するのが一般ですが，わが国の公共工事においては，発注者側の積算が契約のベースとなっています。将来的には，わが国特有のこのような価格決定の仕組みを転換することも考えられますが，本書では現行の仕組みを前提として積算マネジメントを論じています。すなわち，本書は，発注者側の積算が重要な意味を持つわが国の公共工事におけるコスト管理手法に注目したものです。

　本書の趣旨にご賛同いただいた元会計検査院農林水産検査第4課長の芳賀昭彦氏からは，筋道の通った適正な積算と受検における積極的な説明の重要性等について執筆いただきました。また，積算を含めた

海外の調達制度に詳しい（一社)国際建設技術協会技術顧問の埜本信一氏からは，米国における公共事業の段階的な積算システムについて，わが国でも参考となる貴重な示唆をいただきました。

　最新の公共工事の執行に関わる施策については，国土交通省大臣官房技術調査課の竹下正一事業評価・保全企画官，内山淳二コスト評価係長，総合政策局公共事業企画調整課施工安全企画室の姫野芳範課長補佐，山本啓介施工調査係長ならびに機械経費の積算について（一社)日本建設機械施工協会の小河義文技師長からご指導をいただきました。

　コラムでは専門の立場から小野稔氏，越山安敏氏にご執筆いただき，事業費算定や事業の進め方等の課題については，小田原豊，乙守和人，久保田勉，後藤敏行，小林勲，佐久間博之の各氏に，入札契約制度と積算を巡るさまざまな課題については，大槻省吾，川端道雄，福留勉，福吉孝雄，細谷悦雄の各氏に，現場での取材対応や設計・積算，契約変更等に関しては，上田邦夫，上杉範雄，小椋公之，桑原茂雄，佐々木一人，佐藤睦雄，佐野勇，鮫島寛，塩満利昭，平岩伸章，渡邉義臣の各氏に貴重なご意見をいただきました。

　最後に，刊行にあたり並々ならぬお世話になった（一財)経済調査会積算技術部，経済調査研究所，原稿の縦糸と横糸を丁寧に編んでいただいた出版事業部の皆さまをはじめ，関係する方々に心から御礼を申し上げます。

平成 30 年 3 月吉日

　　　　　　　　　　　　　　　　　　　　　木下　誠也

## 第 2 版の作成を終えて

　初版がご好評をいただいたため，このたび第 2 版を刊行する運びとなりました。これに伴い，第 3 章において積上げ積算・施工パッケージ型積算・機械損料の部分の仕組みについて加筆したほか，積算基準類の改定による見直しを行い，出版事業部の皆様には多大なご苦労をおかけしました。初版の吉沢毅氏，青栁涼子氏に続き，第 2 版で益﨑健夫氏，吉岡翼氏に深く御礼を申し上げます。

　令和 4 年 8 月吉日

　　　　　　　　　　　　　　　　　　　　　　　　　　　木下　誠也

# 執筆者一覧

**編著：木下　誠也**（きのした　せいや）

　昭和28年，大阪府生まれ。東京大学大学院工学系研究科（土木工学）修士課程修了。建設省に入省し，大臣官房建設技術調整官，国際建設課長，水資源計画課長，中部地方整備局企画部長，関東運輸局次長，内閣府沖縄総合事務局次長，近畿地方整備局長等。国土交通省退官後は，財団法人ダム水源地環境整備センター，愛媛大学防災情報研究センター，日本大学生産工学部を経て，平成28年より日本大学危機管理学部教授。そのほか，国土交通省国土審議会専門委員，社会資本整備審議会および交通政策審議会臨時委員，技術者資格制度小委員会委員長，土木学会・建設マネジメント委員会委員，一般社団法人建設コンサルタンツ協会理事，一般社団法人沖縄しまたて協会理事長等。著書に『公共調達解体新書』（経済調査会発行），『公共工事における契約変更の実際』（編著，経済調査会発行），『自然災害の発生と法制度』『地域防災とライフライン防護』（コロナ社発行）等。博士（工学），技術士（建設部門・総合技術監理部門），APECエンジニア（Civil分野，Structural分野）。

**埜本　信一**（のもと　のぶいち）

　昭和12年，岐阜県生まれ。名古屋工業大学土木工学科卒業。建設省に入省し，伊勢湾岸自動車道名港トリトンの計画等に従事した後，静岡国道工事事務所長等。東西冷戦時代に国際協力の専門家として両陣営の技術者と途上国のインフラ整備に尽力。建設省退官後は，社団法人国際建設技術協会専務理事等を経て，一般社団法人国際建設技術協会技術顧問。著書に，『欧米の公共工事建設システム』（共著，国際建設技術協会 編集・発行），『契約社会アメリカにみる建設工事のクレームと紛争』（共著，国際建設技術協会 編集・発行），『建設VE』（日経BP社発行），『公共工事のデザイン・ビルド』（編著，大成出版社発行）。

**芳賀　昭彦**（はが　あきひこ）

　昭和30年，神奈川県生まれ。東洋大学法学部法律学科卒業。会計検査院に入庁し，新幹線および高速道路建設，防衛装備品の原価計算，外務でODAの検査，石油公団への出向時に国家石油備蓄基地建設の担当などを経て，農林水産検査第4課長等。平成27年より一般財団法人経済調査会技術顧問。そのほか，日本高速道路保有・債務返済機構・高速道路の新設等に要する費用の縮減にかかる助成に関する委員会委員。著書に，『公共工事と会計検査』『公共調達と会計検査』（経済調査会発行）。

**和田　祐二**（わだ　ゆうじ）

　昭和28年，長野県生まれ。日本大学理工学部土木工学科卒業。建設省大臣官房技術調査室，東京国道事務所副所長，内閣府沖縄総合事務局南部国道事務所長等。平成26年より一般財団法人経済調査会技術顧問。そのほか，土木学会・公共事業における価格決定構造の転換に関する研究小委員会委員等。技術士（建設部門・総合技術監理部門）。

公共工事における積算マネジメント
コウキョウコウジ　　　　　セキサン

平成 30 年 5 月 1 日　初版発行
令和 4 年 8 月 31 日　第 2 版発行

編　著　木　下　誠　也
　　　　キノ　シタ　セイ　ヤ

発　行　一般財団法人　経済調査会
〒105-0004　東京都港区新橋 6-17-15
電話　03-5777-8221（編集）
　　　03-5777-8222（販売）
FAX　03-5777-8237（販売）
E-mail　book@zai-keicho.or.jp
https://www.zai-keicho.or.jp/

印刷・製本　三美印刷株式会社

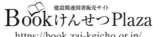
建設関連図書販売サイト
https://book.zai-keicho.or.jp/

© 2022　　　　　　　　　　　　　　　ISBN978-4-86374-244-4
乱丁・落丁はお取り替えいたします。